吸引力法则

刘宝江 / 编著

华龄出版社
HUALING PRESS

图书在版编目（CIP）数据

吸引力法则 / 刘宝江编著 . -- 北京 : 华龄出版社，2022.9

ISBN 978-7-5169-2459-4

Ⅰ . ①吸 ... Ⅱ . ①刘 ... Ⅲ . ①成功心理 – 通俗读物 Ⅳ . ① B848.4-49

中国国家版本馆 CIP 数据核字 (2023) 第 023337 号

策划编辑 刘慧滢　　责任印制 李未圻

责任编辑 郑 雍　　装帧设计 韩海静

书　名	吸引力法则	作　者	刘宝江
出版发行	华龄出版社 HUALING PRESS		
社　址	北京市东城区安定门外大街甲 57 号	邮　编	100011
发　行	（010）58122255	传　真	（010）84049572
承　印	三河市燕春印务有限公司		
版　次	2023 年 4 月第 1 版	印　次	2023年4月第1次印刷
规　格	880 mm x 1230 mm	开　本	1/32
印　张	7.5	字　数	117千字
书　号	ISBN 978-7-5169-2459-4		
定　价	49.00 元		

PREFACE

前 言

想成为万能磁石很难

你是否会有这样的无力感？想牢牢吸引他人的目光，他人却对你视若无睹；想展现个人魅力，却发现自己无从下手；想获得别人的青睐和好感，却不知道如何着手，总是把事情搞得一团糟。而有的人却拥有极强的社交能力，有着非凡的个人魅力，无论走到哪里，都像万能磁石一样，散发着超强吸引力，成为不折不扣的“社交明星”。

我们期待和这些人一样，拥有万能磁石的吸引力，在人际交往中如鱼得水，然而，现实却不尽人意，在你尝试了无数次后，你仍然是人群中那个不被重视、可以忽略不计的自己。

你发现，如果你沉默不语，别人会觉得你孤僻；如果你过于活跃，别人又觉得你抢了他人的风头；如果你静观事态发展，别人会觉得你冷漠；如果你古道热肠，别人又会觉得你有所企图。

你发现，每个人都是完全不同的个体，你的吸引力只对少数人起作用，绝大多人认为你平淡、无趣。无论你如何努力，都无法吸引他们的目光。

你发现，在与他人的交往中，你总是进一步则过，退一步则迟；在不断的尝试中，你像邯郸学步中那个燕国的年轻人一样，逐渐迷失自我。你曾试图成为像万能磁石一样，具有万能而强大的吸引力，到最后竟连自己原本的模样都忘记了。

我们试图探寻吸引力的奥妙所在，用尽一切办法打通自己的任督二脉，成为人际交往中被人人称赞的那个。然而，我们越是用力，越是会被自己的力量反噬，不得不缚住手脚，小心翼翼地处理着与他人交往时产生的各种关系，唯恐因为社交能力不足，给自己的工作、学习和生活制造障碍。

想成为万能磁石真的太难了，这就像一个永远无法实现的梦想，只存在于触不可及的浩海星空。

然而，我想告诉大家的是，一千个人眼中有一千个哈姆雷特，不论时光如何流逝，社会如何演变，戏剧的演绎方式做何改变，莎士比亚笔下的《哈姆雷特》永远有着无法磨灭的魅力，感动一代又一代的读者和观众。

莎翁用细腻的文学触笔告诉我们，只要你获取了正确的表达方式，拥有了丰满而立体的形象，加之情绪和气氛的渲染，就能拥有无穷的魅力，牢牢吸引人们的目光与情感。

当然，现实生活和文学剧本是完全不同的。在剧本中，我们可以设定好情节，为一切事件发展做好充分的准备；可以让时间静止，构思好情节，有了应对方式后，再让剧本按照章节演出。另外，剧本是不可能节外生枝的，它总是安安静静地待在那里，一切都有固定的程序，我们只要照章演出就好了。

生活却不会这样，它总是瞬息万变的，你每天面对的人和事都在变化，即使同一个人，也会因为心情、境遇、天气等的不断变化，昨天你跟他开一个玩笑，他还能笑嘻嘻地夸你有趣，今天你再和他开同样的玩笑，他则会冷着脸说你没有分寸。这个世界唯一不变的，就是一直在变。

面对生活，我们必须有万全的准备，从根本上提升人际交往的处事能力，知道一些看起来毫无章法的行为，其背后是各种思维习惯长期形成的结果，一些看起来微不足道的细节也会决定他人看待你的目光。我们应该知道，人与人之间的交往是有技巧和方法可循的，有着不能触及的红线。我们应该知道，每个人虽然是独立存在的个体，但是在这个相互关联的社会体系中，我们更是群体中的一员。在这个多元化的社会中，虽然每个人都有着与他人不尽相同的特征与思想，可是我们整个社会的底层逻辑构建有着共通之处；虽然社会形势不断变化，可是我们整体的道德偏差却并不大，仍旧存在共通的思想，对群体和他人持有欣赏的态度。

这一切是我们能够建立非凡人格魅力，并得到他们赞赏的基础所在。由此可见，虽然想成为万能磁石很难，但这并非完全不可能做到的事情。

只要你设定好目标，一切就有了开始，我们只要朝着这个目标一直前行即可。

很幸运，你与这一系列文章相遇。在这里，我们为你归纳、总结了人际交往中提升吸引力的各种方式和方法，提醒你规避各种引力陷阱，非常有助于你了解自己、提升自己。只有当你充分了解自己后，你才能进一步重构自己的吸引力，成为具有万能磁石一般的强劲吸引力。

幸福是把灵魂安放在最适当的位置。人生最终的价值在于觉醒和思考的能力，而不只在于生存。

现在，就让我们一起走进这本书，开启你崭新的魅力之门。相信我，一切都会变得迷人，一切都会变得闪光，一切都会变得非凡无比。

CONTENTS

目录

第1章 <<<

吸引力普适定律

很多吸引力是单向吸引

为什么很多吸引力是单向吸引呢？大概率是你遇到了虚假同感偏差。

虚假同感偏差是指你的认知因被过分高估、夸大的自信和判断所影响，产生了和实际情况不符的偏差。

比如在医院的妇产科，每天都有数以万计的婴儿诞生，这些新生儿的父母及家人总是害怕、担心婴儿不能适应外界环境，不论春夏秋冬，总是试图给孩子捂得严实一点，包括需要开空调的夏天。这就使得医院查房的大夫不得不每天不断地提醒新手家长，小孩子稍微冷点没事，千万别包得太厚，这很容易让孩子生病。

家长这种极度担心孩子冻着的表现，就是典型的虚假同感偏差。

这种以自我思想为中心、缺乏感同身受的主观行为，是造成吸引力呈单向走势的重要症结所在。

造成虚假同感偏差的主要原因有以下几个。

第一，你觉得正在进行的这件事对自己非常重要。

比如，家庭增添新成员后，你内心过于强烈的爱，会造成你对婴儿的过分呵护。你认为只要吹过一阵凉风，孩子就会被冻着。你还试图让身边的人和医生也赞同你的观点，幸亏医生的专业性和权威性让你认识到自己的错误，否则你会一直把孩子包裹得严严实实。

第二，你对自己的观点过于自信。

你把孩子包裹得极为严实，如果不是医生提醒，你不会觉得这种行为是错误的，因为你相信自己对孩子的爱绝不会掺假，你的所作所为都是为了孩子好。这种自信在为孩子选择所学专业时尤为突出。

第三，你在乎的生活、工作、地位等受到了某种威胁。

比如，同病房的婴儿或是大人打了一个喷嚏，你会立刻警觉起来，害怕孩子会被传染。当家人和爱人不赞同你的这种观点时，你甚至会感到失落、伤心、难过，觉得家人不够爱孩子。

第四，涉及某种积极的品质或个性。

你期待所有的目光都投向孩子，渴望大家像你一样赞美他的可爱、漂亮、聪慧。你甚至产生这样的心理暗示，自己的孩子是最棒的。但是他们并非孩子的家人，不会从内心认同你的孩子是最棒的。

第五，将他人或自己看成相似的。

你会觉得，和你同病房的父母应该和你一样，按照严谨科学的喂养方式来喂孩子。比如母乳喂养，当你听到同病房的父母打算放弃母乳喂养而采用奶粉喂养时，你会感到不可思议，你会觉得怎么会有人这样做？即使你听说了别人的不得已后，仍会产生这样的感触，幸亏自己没有这样做，才让孩子有母乳吃。

这时候，你应考量，人在不同的环境和处境下，会有太多不同的选择。这些选择有时虽然悖于正常的逻辑思维，但是站在对方的角度，是当下所能选择的最好的一种。

如何让自身的虚假同感偏差回归正常呢？

首先要做的事情就是，不要以己之见揣度他人之心。

回归到孩子这个话题上，我们应该站在孩子的角度来看问题。孩子的抵抗力虽然比成年人要低很多，但是也不至于低到你穿半截短袖而他要裹三层薄棉被的地步。

历史上，曾发生过于揣度他人心思而丧命的事例。

依照《三国演义》，三国时期的谋士杨修十分聪明，很会揣度曹操的心思。

一次，曹操与刘备对峙汉中，又偏逢阴雨连天，军粮不继，曹操一时间陷入进退两难的境地，不战而退恐令人耻笑，进兵没有半毫胜算，实在不是上选之策。曹操思下不定，便以碗中鸡肋为第二日军令。

杨修看出了曹操的心思，自行收拾行李，并对他人言，丞相明日必退兵。这话传到曹操的耳朵里，被曹操所忌惮，于是寻了个蛊惑军心的名义把他杀了。

从这个故事中我们可以看出，揣度他人心思，不论是猜对还是猜错，其结果都不尽如人意：猜对遭人忌惮；猜错则会产生心理落差，影响自己的心情及自信心。不论对错，对于自己都没有半点儿好处。

虚假同感偏差是一种与生俱来的本能，是人天生就有的特质。如果你一直坚持先入为主的狭隘判断，最终只会拉大虚假同感的偏差指数。

人与人之间总是存在差异的，我们要学会尊重他人。尊重他人不限于他人的地位、身份及从业时间和资格，而是设身处地地站在别人的角度，想一下问题所在，理解、包容和你的看法完全不同的观点，毕竟你有坚持己见的权利，别人也有持有不同意见的权利。当你能够尊重别人持有的不同观点后，你会发现沟通会变得更顺畅、愉悦、信任。学会接纳与自身相左的意见，不要试图认为你永远都是对的，这是人际交往的必修课。

在心理学上，有一个非常著名的约哈丽窗理论，讲的就是自我未必完全了解自我。

一个人的全部信息会被分为自己和别人都知道的公开区、自己知道别人不知道的隐私区、自己不知而别人了解的盲点区、自己和别人都不知道的潜能区四部分。

这个理论更加表明我们不要以己之心忖他人之意，你都不完全了解自己，还要想着完全了解别人吗？

如果杨修能够真正看清曹操，他是绝对不会收拾行装、满世界说曹操要撤兵的。

生命诚可贵，若因三言两语的狂言被丢，实不划算。

如果曹操能懂得虚假同感偏差理论，一定不会杀掉杨修，而是会把杨修请到身旁，中肯地听听他的看法，毕竟这样聪明的人，只要善加引导，一定会在未来的三国争霸中给自己带来不一样的惊喜。

希望我们能够在生活中学以致用，把虚假同感偏差拨回原点。

第一眼决定吸引概率

生活中，第一眼往往会决定人或事物产生的吸引概率。交往的双方或是任何事物之间，给彼此留下的第一印象往往会先入为主地影响他们的后续交往。

若初次见到一个人或是一件东西，对其印象都非常好，那么有很大可能，我们会被这种先入为主的好感吸引，以后会越来越喜欢这个人或这件东西，甚至直接在心中美化他们的形象。反之，如果我们第一眼见到某个人或者某件东西就觉得非常反感，那么就无法避免地会产生不想再次接触这个人或者这件东西的想法。如果这时我们因为某种原因不得不继续接触这个人或者这件事，我们的抵触心理就会越来越强。这也是我们第一眼不喜欢某个人，以后可能越来越讨厌他的原因。当然，也有第一眼不喜欢，但在后续相处过程中被吸引的例外。

这种现象在心理学上被称为“首因效应”。通俗地讲，就是第一眼在很大程度上决定了人或事物对别人的吸引概率。

一般来说，当我们的大脑第一次接收到关于一个人或者一件事的一定信息时，往往会在大脑中形成一种思维模式。这种思维模式在一定程度上固化了我们的思维，导致我们再次接触这个人、这些事的时候，得到的后续信息只是对最初思维进行补充，是对前一种思维导图的整合。如果第一眼时这些人或事无法吸引到我们，那么在以后的接触过程中，这些东西也很难再吸引我们的目光。

以最常见的面试为例，面试几乎是现代社会中人人求学、就业都要面临的一个环节，而面试中最重要的因素就是面试者给面试官留下的第一印象。因为在所有的面试官眼里，第一印象的好坏很有可能决定了你是否会被录用。试想，假如某企业面试官在面试的时候，遇见两个学历相当的面试者小王和小李：小王参加面试的时候衣着得当，西装革履，十分体面，将自己打理得一丝不苟；而小李则是邋里邋遢，穿着几天没洗的牛仔裤，顶着一个大油头。这时面试官们基本已经认定小王比小李更适合这份工作。再随便问几个问题，小王表现得自信大方，表达流畅，十分自信，说话还有一种抑扬顿挫的感觉。反观小李，回答问题结结巴巴，吐字含糊不清，含胸驼背，导致面试官根本就听不清他在说什么。

自然而然，面试官第一眼见到小王，就被他深深地吸引住了，小王也很轻松地被录用了。

根据后续观察，小李的工作能力比小王要强很多，但碰巧由于小王、小李学历极高，那天面试他们的是公司的高层，他们潜意识里就觉得小王能力会比小李强很多。由于小王给他们留下了十分惊艳的第一印象，所以在他们成为正式员工之后，就算小王与小李完成的工作效率、难度相当，但领导还是觉得小王做得比小李好。就算有时小李的工作能力超过小王，领导也会由于对小李邋里邋遢的第一印象而反感，看不到他应有的能力。由此可见，第一眼的确十分影响吸引概率。

再举个科学实验的例子。有个科学家做过这样一个实验：他找到两个成绩不分伯仲、旗鼓相当的学生，给了他们一套一模一样的卷子。卷子共有20道选择题，其中有10 道题是两个学生都学过的，在给第一个学生的卷子中这10道题的题号为1～10，而第二个学生的卷子中这10道题的题号为11～20，这两个学生的确都很优秀，这10道题全做对了，并且同时做对三道没有学过的题，正确率一模一样。然后，他故意没有写总分，把这两张卷子拿给五位老师看，问那五位教师觉得哪个学生成绩更好，五位教师一致认为第一个学生考得更好。当这个科学家告诉他们两个学生的分数一模一样时，五位教师震惊了。他们不相信，都觉得第二个学生没有几道题做对，而第一个孩子几乎都做对了。尽管分数一样，可是显而易见的是，第一个学生给所有教师留下了非常好的印象，第二个学生虽然水平和第一个学生相当，但是在这份考卷中，他的答案明显一点儿都不吸引教师。

这个例子将首因效应体现得淋漓尽致。其实，对于首因效应，也可以这样理解——我们最开始接受到的信息影响力非常大，其本身不受其他事物的影响。

就像面试的时候，小王、小李给面试官留下的第一印象就是日后小王、小李在公司领导心中的形象。公司领导见到他们的第一眼，在学历相当的情况下，没有受到其他因素的影响，而在以后的生活中，对于两人的表现，领导见到他们的“第二眼”“第三眼”和“第N眼”，无一不受到第一眼印象的影响。他们的第一眼印象吸引了领导的太多关注，导致领导从他们身上接收到后续信息时，总是因第一印象而改变。

同理，两名学生在做除了题目顺序外其他难度一样的两套试题的时候，明明答题正确率和得到的分数一模一样，但教师就是觉得第一个学生优秀很多，因为当他们见到这份试卷的第一眼时，第一个学生就是比第二个学生表现得好，靠近后面的那一半题目影响力自然没有前十道题的影响力大。这一现象十分符合注意机制原理，最开始接触的信息总是会对后来接触到的信息产生深厚影响。

由此观之，第一印象尤为重要，基本上第一眼就会决定人或物的吸引概率。

深度吸引需要同频共振

在动物世界里，动物们喜欢按照各自的习性寻求同类，牛羊往往是成群结队地生活，猛兽虎狼之辈则喜欢独自行动。还有我们常说的鱼找鱼、虾找虾、云从龙、风从虎……其实在人类的人际交往中也是如此，不过我们并不是按照各自的习性来寻找同类，人类社交的深度吸引需要同频共振。什么意思呢?就是“物以类聚，人以群分”。真实的社交往往就是：愚者喜爱合群，智者追求的却是同频。

什么叫作“同频”？许多精神学家认为，每个人的思维活动都是有磁场的，这样的磁场能够产生某种特定的频率，正是这种频率吸引同样频率和气场的人，从而引发共振。也就是说，人的思想存在一定的吸引力，我们越关注什么，就越吸引什么样的事物。这种现象又被叫作吸引力法则。若想要达成吸引力法则中的深度吸引，需要的就是同频共振。大多数人知道在人际交往中，最难得的就是遇到能懂你的人，但却不是人人都有这样的好运气。我们该如何最大限度地利用吸引力法则帮我们心想事成呢?

就是学会更好的同频共振，达成同频是重中之重。你最先要做的是加强自身的磁场，让自己能吸引到真正想吸引的东西。心理学上的吸引力法则告诉我们：同频共振，生命中发生的一切都是你吸引来的。所以，只有加强自身的吸引力，你才能真正将心里想的一切吸引到现实生活中来，人际关系也不会例外。如何更好地做到这一点呢？

1.可视化的目标

要想成功启动我们深沉思维的力量，就要给我们的思想找到一个落脚点，也就是要有清晰明确的目标，并且这个目标必须具体和可视化，能够让我们看到未来自己实现目标时的场景。

比如，出生在奥地利的美国人施瓦辛格，他从一个一无所有的大学生通过训练健美，在20岁时如愿以偿地获得“环球健美”及“奥林匹克先生”的头衔，之后又顺利地进入影视圈。可以说，这一切都源于他一开始就十分清楚自己的目标，那便是拿下“奥林匹克先生的头衔”。在大学里，他每天都要逼着自己训练健美五小时以上，可是那时候练健美并不能获得额外的收入。为了实现自己的梦想，也为了生存下去，他除了练健美之外，还要去工地干活赚钱。不但如此，他每周还去上四次表演课，从晚上八点一直到午夜十二点，每天都被塞得满满当当的，一分钟都不浪费。

经常有人问他，为什么你这么辛苦还不放弃练习健美吗？施瓦辛格解释说，因为他在追逐自己的目标，必须获得“奥林匹克先生”的称号。后来，他如愿以偿地收获到了成功，进入了更适合他的圈子。而生活中那些目标不够清晰具体的人，只会含糊地混沌度日，自然他们释放的能量一直被削弱，不能够匹配到更优秀的频率。所以，我们立下的目标应该是清晰可视的。

2.实践启动能量

很多没有实现同频共振的人并不相信吸引力法则的力量，他们往往只在做一件事，那就是利用潜意识空想，但只会脑袋空想是最没用的。任何一件事的成功，不仅需要我们有强大的信念，更需要我们付诸实践。当我们有了目标，就应当立刻行动起来，快速启动自己的能量，释放出自己的信号，这样才能获得我们想要的结果，吸引到我们想要交流的圈子。因为优秀的人往往不会只在纸上谈兵，他们更喜欢走出去实践。每天躺在床上空想自己未来如何，仅在脑海中搭建人际关系的人，是不能吸引到任何东西的。这不仅不能帮助我们解决问题，还会让我们逃避现实、厌恶自己，成为没有任何吸引力的人。

在实践的过程中，不要试图给自己找那么多的借口，那只会让自己待在空空的房间里给自己找理由，白白在那里内耗。我们要做的是直接换好鞋子出门，等你出了门自然会行动起来。比如，一个想要练好口语的人，就该定好目标去行动，列好锻炼口语的计划，然后按照计划去实施，这样才能吸引到更多喜欢英语的人。任何想法或是计划，只有落到实践上，才能真正看到效果，找到真正与自己同频的人。只有自己努力成为优秀的人，你才会吸引到同样优秀的人。

民国时期，北京有个很著名的胡同——东城北总布胡同3号院。它为什么有名呢？因为这个胡同是一个富有吸引力的公共空间。每到周末，这里便座无虚席，一大群对文学、艺术和建筑有共同兴趣的学者文人会聚集在此。原来这里是民国女神林徽因的“太太的客厅”。在这众多访客之中，林徽因无疑是这场社交活动的主心骨，她广阔的学识、生动诙谐的侃侃而谈，吸引着大批知识分子慕名而来。不仅有建筑学大师、艺术名流，还有当代响当当的文人雅士，如金岳霖、张奚若、徐志摩等，都是客厅里的常客。他们不仅谈论时局，谈论自己的理想，还时常抒发自己的闲情逸致，陶冶艺术的情操。能在当时的北平有这样一方天地，必然是同频共振的吸引力，把一群拥有同样抱负的青年人吸引过来，在这里没有拘束地展现自己的才情，抒发内心真正的愿景，构建出一个相对超然的交流空间。

3.同频不是随波逐流

要知道，这里我们强调的同频是与优秀同行，如果是助长堕落之风，才是人最大的愚蠢。我们都知道近朱者赤、近墨者黑，要靠近那些气场强大的人，让自己的精神也被这样的人感染，还要远离那些负能量爆棚的抱怨，保护好自己敏感的信息场让正向的能量和信息在此处通畅，千万不要随波逐流、人云亦云，盲目迎合不适合的圈子。

儒家代表人物荀子说过："与凤凰同飞，必是俊鸟；与虎狼同行，必是猛兽。"唯有同频共振，才能与真正优秀的人为伍，而频率不同的人，最后注定不能成为一路人。所以，我们要积极地成为真正强大的人，让自己强大的磁场频率不断地吸引同样优秀的人。

一个成熟的人懂得寻找与自己同频的人，因为同频才能共振，真正深层次地互相吸引，收获人生的自在和快乐。我们常说："你是什么样的人，就会吸引什么样的人和能量。"《易经》有言："同声相应，同气相求。"所以，请好好地投资自己，经营好自己的磁场，努力提升自己的频率，这样才能同频到你想吸引的人、想进的圈子，甚至同频到你真正想要的人生。因为所遇即所得，所遇见的一切事物，都是由我们自身的频率吸引而来。

没有信任就不会有持续吸引

在人生道路中，每个人总会遇到一个所谓的灵魂伴侣。我们与他们无话不谈，每件事都可以分享，每个重大的决定都与他们一起做，互相了解对方的性格和底线，就连思考的角度也保持一致，就算偶有摩擦也不影响彼此的关系。总的来看，绝对的信任和持续的吸引力是灵魂伴侣之间最明显的两个特征，成为灵魂伴侣的过程其实就是建立绝对信任以及持续吸引对方的一个过程。可以说，在这样一段长久的亲密关系中，信任和吸引力总是同时出现，相辅相成，也展现出我们在人际交往过程中信任和持续吸引同样是不可分割的两个部分，没有信任就不会有持续吸引，自然成为不了灵魂伴侣。

在研究信任和持续吸引的关系之前，我们要明确吸引和持续吸引本身有很多的不同之处。如果只是简单的吸引，我们只关注一时的外貌或者财富地位等就可以达到，不需要投入很多的精力或者时间，因为不会涉及后续更多的交流活动，就像我们走在大街上，迎面走来一个衣着考究、妆容精致且开着豪车的人，下意识地就会被他（她）吸引，目光不由自主地看了过去，但是等到走出一段距离，那种吸引力就随着距离变远而迅速消退，回到家之后可能都想不起他（她）到底长什么样了。这种情况是吸引，它在我们的眼睛和心里短暂地停留了一阵，就像石头投入湖水，只激起了一阵涟漪，往后便无影无踪。

持续吸引就不一样了，它讲究的是持续性，即能够长久地让我们沉迷于对方的某一项或者某几项特质上，愿意与他们发展一段长久稳定的关系，而不只是在眼眶中停留的那一瞬间。

一段持续吸引的关系能够形成的基础是信任，信任促使我们相信对方、认可对方，并且打开心扉，毫不掩饰内心最真实的想法。在现代社会，人与人之间的信任已经越发脆弱，我们都不愿意轻易交出自己的信任，害怕付出得不到回报，自然也很少达到持续吸引的境界。

灵魂伴侣能够形成，源于对彼此的吸引，这种吸引是一段关系的开端，也是基础的条件。毕竟我们没有办法和一个对自己来说根本毫无吸引力的人成为朋友或者爱人，但有了吸引还不够，彼此之间的信任才是双方长久走下去的保障。信任其实很脆弱，甚至经不起一次背叛。当我们遇到那个对自己而言足够有吸引力且很合拍的人时，就要敢于交出自己的信任，尝试着相信别人，同时在接收到别人的信任时，也要小心珍惜，才是长久之计。

管仲和鲍叔牙的情谊流传了上千年，管鲍之交一度被后世人当作朋友相交的典范，他们可以说是一对最出名的灵魂伴侣了。管仲和鲍叔牙之间的信任可以说是非常深厚，两人年轻时在一起分黄金，管仲多拿了一份，后来旁人便问鲍叔牙知不知道这件事，鲍叔牙听了只是很平淡地说管仲家中有年迈的母亲需要奉养，多拿一份是很正常的，自己并不觉得恼怒。

后来，齐国的两个公子招揽门生，两个人就跟随了不同的君主，管仲跟随公子纠，鲍叔牙跟随公子小白。经过长时间的对峙之后，齐国公最终选定公子小白继承王位，于是鲍叔牙便跟着公子小白回去准备继承王位。谁料走到半道上，管仲突然从道路旁出现，只见他手持弓箭，面色决绝，只听空气中一道箭矢划过，瞬间就将公子小白射倒在地。管仲见公子小白倒地不起，只当人已经死了，转身纵马就走。等到他离开，公子小白才挣扎着从地上爬起来，原来管仲那一箭刚巧射在他胸前佩戴着的坚硬饰品上，他怕管仲不死心才假装被射中不肯起身。

这边管仲回去告诉公子纠说公子小白已被射杀，公子纠大喜，想着反正只有自己可以继承王位，原本匆匆赶路的步伐一下子变得轻松悠闲。等他慢悠悠回到王城一看，公子小白早已坐上那个他梦寐以求的位置，成为齐国的新王，也就是我们熟知的齐桓公。齐桓公一见管仲就想起他刺杀自己一事，十分恼怒，当即下令要将管仲拖下去砍了。这时鲍叔牙急忙劝阻，对齐桓公解释说管仲之前跟随公子纠，那么做的原因说到底也是各为其主，为了能够实现自己的才能和抱负，其实本心并不是只想着杀人的。

看着齐桓公还有些犹豫，他便又再下了一剂猛药，说："主公若是想国富民强，确实有我一个人就足够了，但若是想要让齐国称霸天下，就必须将管仲收于己用，只有他才可以帮助齐国成为天下之主。"齐桓公听了这话，便不再追究管仲之责，转而决定将他提拔上来辅佐自己。后来，管仲在齐桓公实现统一大业的道路上发挥了重要的作用，鲍叔牙和管仲之间深厚的信任也感动了很多人。管鲍之交，交的是心，是情，也是信任，两人就算不在同一阵营，也始终信任对方。

足够信任才可以做到持续吸引，帮助我们结交到生命之中的那个灵魂伴侣。所以，当你遇到足够吸引你的人时，记得要用信任去维持、去灌溉，直到收获最美好的果实。

第 2 章 <<<

社交直觉之下，你是谁

不必让人觉得你很成功，但要感觉你很优秀

我们都想成为成功的人，也都想成为优秀的人，很多人总是习惯性地默认成功和优秀是一样的，只要成功就一定优秀，只要优秀就一定成功。这样的惯性思维形成的根本原因在于我们在人际交往过程中存在一个思维误区，即为了让别人高看我们一眼，我们总是习惯性地将自己最为成功、最为得意的一面展现出来，以为这样就可以让别人感觉我们很厉害，进而尊敬以及看重我们，但其实这样的想法是有一定的认知错误的。我们不是要让人们觉得我们很成功，而是要让别人觉得我们很优秀。

成功和优秀的关系本就是非绝对的，要取决于我们怎么看待成功，即什么样的人在我们眼里是成功的。在人际交往过程中，很多人就是因为没有想清楚二者的关系做出了一些错误的事情。好像以往在很多中小学的家长会上，我们经常能看到一些家长为了向别人展示自己家里很富裕，在手上、脖子上挂满各种首饰，整个人可以说是珠光宝气。但这样往往适得其反，

旁人只会觉得这种行为过于浮夸，难以让人感到舒适，甚至会觉得这样做没有素质，是暴发户的行为。其实，相较于黄金、钻石这样的外在东西，我们自身的涵养更能够让与我们接触的人印象深刻。旁人若是评价我们很优秀，值得结交，那我们游走在这个社会进行人际交往的目的才能真正实现。

外在的物质虽然华丽，但是不深入内在，是无法看到真正优秀的人散发出的由内而外的自信、从容以及博闻强识等诸多优点。满身珠宝、精致妆容或者豪车出行，确实可以让我们在短时间内被无数人关注，吸引大多数人的目光。这些目光中，嫉妒、羡慕等情绪皆有之，而作为目光中心点的我们，在这一瞬间也确实可以让自己的虚荣心得到极大满足，但是过后便归于平静，就如一阵风吹过，什么也没有留下。若是我们在与人交往的过程中展现出优秀的品质以及人格魅力，自然会得到他人欣赏并且喜爱我们，这样才会有更多的故事。因此，从长远来看，内在的优秀比外在的成功要重要很多。

举个简单的例子，三国时期，蜀国军师诸葛亮可谓名声远扬，其智谋以及胸怀皆是出类拔萃，帮助蜀国君主刘备建立蜀国，巩固地位，让他成为逐鹿天下的有力竞争者，自己更是位列丞相，位高权重。这样的人在世人固有的想法之中，娶的妻子就算不是倾国倾城，至少也应该是清秀灵动。其实不然，诸葛亮之妻黄月英相貌平平，和美女这个词根本挨不着边儿。那么，这样的女子是如何得到名动天下的诸葛孔明的青睐的呢？

答案很简单，黄月英虽然貌若无盐，但是才智过人，为人非常贤惠。还在闺中时，黄月英就立志要嫁一个优秀的人，相看了很多人都没有看中的。眼见女儿婚事遥遥无期，其父黄承彦想着“死马当作活马医”，抱着试一试的心态直接向诸葛亮提亲了。诸葛亮乍一听到这个消息自己都震惊了，黄家姑娘其貌不扬但要求极高的消息广为人知，诸葛亮自然也不例外。虽然心里觉得奇怪，还有点儿别扭，但是碍于教养，他还是跟着黄承宪到了黄家，打算先跟黄月英聊聊天，认识一下。

结果这一聊，让诸葛亮惊奇地发现，这位黄小姐虽然相貌不算很好，但是才思敏捷，见识广博，对于很多事情有所了解，且有自己独到的想法，言谈清晰，口齿伶俐，落落大方。两人就这么聊了一下午，大有相见恨晚之意，与此同时，诸葛亮便认定黄月英是自己此生的妻子。两人成婚后，黄月英始终操持家中大小事情，从未出过差错。而且，在诸葛亮久不得法时，也可以在他身边帮他厘清思路，给出非常好的建议和想法，帮助丈夫解决难题。诸葛亮十分尊敬以及爱护她，从不计较她的长相。

外在的成功可以伪装，但内在的优秀却难以掩藏。璞玉在未雕琢之前，从外表上看只是一块石头，但并不妨碍它在切开之后仍然流传出难以掩盖的温润光华。但在成为这样的宝物之前，它需要经历成千上万年的吸收和转化，才得以在内里慢慢地将普通的石头磨成珍贵的翡翠。所以，同样的道理也可以运用在我们的日常生活和成长过程之中，与其花费不知多少的时间在假装自己很成功这件事情上，不如静下心来认真提高自己各方面的能力。不管是清晰的表达、敏捷的思维还是乐观自信的人生态度，这些都比浮于表面的东西重要得多。

毕竟浮于表面的假装终有被拆穿的一天，并不能产生长期的积极反应，而优秀的本质和内在则能够直接深入旁人的内心，通过我们的一言一行展现出来，成为我们最大的资本。正所谓好看的皮囊千篇一律，有趣的灵魂万里挑一，成为让别人觉得优秀的人，拥有更为瞩目的内在品质和人格魅力，可以帮助我们走得更高、更远。

仪容得体，具体的标准是什么

仪容，即我们的仪态和容貌，前者指的是人或事物的姿势、举止和动作，后者指的是我们的面容、穿着以及发型等。仪容对于我们每个人来说都非常重要，因为它是别人看到我们的第一眼时最能直观感受的，也是我们精神面貌和生活方式的综合体现。因此，得体的仪容非常重要。

得体的仪容是我们给他人留下好的第一印象的首要前提条件，毕竟弯腰驼背、蓬头垢发的形象确实很难让人产生好感，哪怕自己再有能力，再想表达，也会遭到无情的拒绝。所以，得体的仪容是我们在日常工作和生活之中尤其应该注重的方面。

举个简单的例子，父母在孩子准备进入工作、踏入职场时都会为其准备一套正装，一般来说不会很便宜。这样做的目的主要有两个：一是为孩子加油，祝贺他们进入新的人生阶段；二是为了让他们能在上班第一天有一套合适的衣服撑场面。因为学校的气氛和职场中的有着本质的不同，进入职场还穿着学校里那种偏随意和休闲风格的衣服明显不合适，也会带给人突兀和不成熟的第一印象。那什么才叫得体的仪容呢？我们又怎样塑造且保持适合自己的风格呢？主要有以下三点。

第一，整洁大方是基础。塑造仪容就像装修房子，需要先做好基础的框架才能装饰，从而更加美观。如果基础都摇摇晃晃、破破烂烂，再多的装饰都不能发挥出效果。同理，在整理仪容方面，保持自身的整洁就是基础框架，各种装饰品则是锦上添花。试想，如果一个人顶着几天没有洗的油头，身上散发着一股异味，他做什么发型、穿什么衣服可能都是徒劳。

然后就是大方。大方这个词可以用来约束我们的言行举止，也可以用来约束我们的衣着穿搭，它是一种综合的感觉。大方的人总是在外在和内在同时让旁人觉得很舒服，不做作，穿衣风格、言行举止都不矫情，给人随意但不轻浮的感觉。现在，很多人在选择穿衣风格时，为了吸引更多的目光，故意选择一些不合适的衣服，而且不管说话还是做事都刻意掩饰自己本来的样子，“做作”一词日渐兴起并被广泛引用。在自我穿搭、说话以及办事等方面，我们需要做到落落大方，随性自然，展现自己最真实的一面。

第二，注重场合，不做异类。仪容得体本就不是绝对的，而是相对的。在不同的场合，面对不同的人群，对于得体的要求自然有所区别，在特定的场合中选择最合适的仪容是每个现代人的必修课程。

比如上班时，我们需要职业干练，走路带风，展现的是身为职场人的专业负责、能力出群；与朋友聚会时，我们可以穿得休闲随意，展现的是我们幽默放松的一面。如果把这两个场合搞反了，我们可以试想那个场面：在公司里，我们穿着人字拖、大短裤，走路啪嗒啪嗒响，然后与朋友聚会时穿着一身职业套装，手里提着电脑和文件，是不是想想就觉得万分别扭和奇怪？这就是不分场合的结果。仪容中的“容”尤其需要区分场合，在正确的场合穿正确的衣服、戴正确的饰品，是得体的一大关键。

第三，良好的仪态是终生的坚持。仪容一体，但是“容”对于一个人的影响远远不及“仪”。所谓仪态，就是体态、动作和举止等，其主要标准是站有站相、坐有坐相。这看起来容易，实则非常难以完成。

现代社会中，很多年轻人因为长时间低头看电脑、玩手机，驼背、脖子前倾等问题越来越严重，再加上站姿、坐姿等过于随意，常常给人一种不稳重、过于随便的感觉。这不仅是普通人存在的问题，就连许多明星也不例外。

现在，很多家长从小就要求孩子坐直坐正，尽最大努力杜绝他们出现驼背的可能，但是形成了良好的体态和仪态是远远不够的，最重要的是坚持，一直提醒自己，不管在什么时候都要展现出最有精神的一面。

古人常说芝兰玉树，就是形容一个人的仪容如玉树般挺拔，这样的人总是格外受人青睐，更容易取得他人的好感，为自己争取更多的机会。因此，在日常生活中，仪容的重要性不用我们多说，作为他人与我们接触中的重点观察部分，仪容得体是我们基本礼貌和素养的展现，是不可或缺的。

同频沟通普适三要素

在日常生活中，我们在沟通时或多或少会有这样的困扰：为什么他人的脑回路跟自己的完全不同，想要好好沟通一件事情却发现根本说不到点子上，明明想好好说最后却还是不欢而散……这其实就是沟通没有同频的原因。这样的情况如果不及时改善，对于我们的工作、生活势必会有很大的影响，毕竟我们在工作、生活中少不了要去社交。而且，随着移动互联网的普及，人们的社交沟通也渐渐地从日常转移到手机社交媒体上。如果我们连最基本的面对面沟通都不能做到同频，更别提在社交媒体上会存在着多大的沟通障碍了。

所以，我们必须学会人际交往中的同频沟通。由于每个人的经历、工作、生活都不一样，因此，我们的人际网络也是独一无二的。如何培养普通人在互联网时代都适用的同频沟通方式呢？首先我们要明白，同频沟通不是单纯地去酒肉社交，在酒局饭桌上阿谀奉承尽挑对方喜欢的好话去说，而是正面有效的人际交往。它不是简单的吃喝玩乐，不是吆三喝五的酒肉朋友间的聚会，而是能够彼此传递正能量，让我们更好地互相影响、彼此激励、共同前行的交往方式。

其实，想要做到有效的同频沟通，只要满足以下三要素。

1.减少差异，培养共同点

每个人的成长环境、原生家庭、人生经历不一样，所以造就了每个人的独一无二。世界上不存在两片完全相同的叶子，个体存在差异是再正常不过的事，所以在日常沟通时，我们要尽量多寻找与他人的共同点，寻找彼此之间共同的兴趣爱好，用有共鸣的话题开启聊天，然后再延伸接下来的话题。

有个很有趣的例子：纽约有一家很知名的杜维诺父子面包公司，在他们还籍籍无名时，他们很想把自己的面包营销到纽约的一家大酒店去。可惜连续四年，他们都无功而返，因为该酒店的经理很固执，基本就是油盐不进。该怎么办才好呢？这个经理非常难接触，他根本不在意杜维诺父子面包公司的产品。

后来，杜维诺换了一种思路，先不去推销面包，而是决定先推销自己。在研究了经理的为人处世之后，杜维诺找到了经理最感兴趣的东西。经理是一个叫作“美国旅馆招待者”组织的主席，这个组织专门为旅馆人士成立，不管该组织的会议在什么地方举行，即使跋山涉水，经理都一定会出席。由此可见他对这个组织的热衷程度。

于是，杜维诺决定在下一次见面时就和他聊一聊这个组织。果然，经理一改以往的态度，和他激烈地讨论起来，甚至还卖给了他一张会员证。之后，他们以“组织”为话题开启了源源不断的交流，自然建立了非常愉快的沟通。

第二天，该酒店的厨师给杜维诺打电话，要他将面包样品和价目表送过去。虽然在前一天的聊天话题里杜维诺根本没有提及面包的事，连他自己也没有想到，他能这么快就做成了这门生意。可见找到对方的兴趣所在，和对方拥有共同话题实现共鸣，对于沟通来说有多么重要。毕竟只有打开沟通的大门，你才有可能和对方同频率地轻松谈论后面的问题。但要牢记的是，你必须表现出诚意，仅仅说几句感兴趣的话是远远不够的。

2.察言观色，把握话题的主动性

要想增进任何一段关系的亲密度，首先要学着在交流时察言观色，了解对方的心理，这样才能及时地把握话题的主动性。如果在沟通时缺少察言观色，那么你自然无法做到和他人同频，你们的交流必然会缺少原动力，进而失去把握话题主动性的有利优势。若能察言观色，才能及时有效避免交流时不必要的尴尬。

俗话说得好："出门观天色，进门看脸色。”如果在沟通中顺利地与他人达成同频，那么，赢得别人好感的过程中就必须学会察言观色。因为任何人沟通时的言辞并不能完全透露他的内心和情绪，所以，我们一定要善于察言观色，捕捉别人的弦外之音。

有这样一个故事，非常有意思：一个身患重病的穷人，因为支付不起医药费只能眼看着自己的病情越来越严重，最后实在没有希望康复了，只好寄托于神灵。他去庙里求神拜佛，诚心地跪在佛前说："如果能让我康复起来，来日我一定准备一百头牛来祭祀，以表谢意。"站在一旁的妻子听他这么说，疑惑地问道："我们家连米都没有，你哪儿有钱买一百头牛呢？"没想到那人回答他的妻子说："你以为神让我的身体康复，是为了从我这里得到这些东西吗？神灵想看到的只是我的诚心。"

这么一个简单的小故事告诉我们：一个人说的话不一定是他心里的本意，人是心口不一的动物。要想和他人顺利地沟通，就一定要学会察言观色。不仅如此，在与他人交往时，还可以适时地在话题中发表自己的观点和看法。当然，这样做的前提是：审时度势地用适当的话语征服对方的心。因为人人都想把握交谈的主动性，而最好的方式就是在适当的时机介绍自己、表现自己，把合适的话题巧妙地渗透到交谈中，让对方能够充分地了解你，进而拉近彼此之间的距离，培养双方的感情，在言语上建立共鸣。

3.做好收尾，善始善终

任何一场沟通都不应该是虎头蛇尾的。我们不仅要懂得察言观色，与对方进行良好沟通，还要做好沟通的收尾工作，完美地结束与他人的交流。像在结束话题前给对方一句温馨得体的告别语，不仅能让一次交谈完美谢幕，还能给别人留下深刻的好印象，使对方产生意犹未尽的感觉，希望下次再与你交谈。这样善始善终的交谈，才算得上一次真正有效的社交，不管是什么话题都会使对方受到感染，产生相见恨晚的感觉。当然，对方如果听到你友善的结束语肯定会有所回应，说一些暖人心窝的话语，那么谈话双方的感情自然会上升到新的高度，日后交往也会更加愉悦、顺畅。

总而言之，如果在沟通过程中想要很好地与对方达到同频，把话题深入下去，那么就需要认真落实以上三点要求。只有明确了自己和对方在交往问题上的方向和标准，才能够很好地与别人沟通；只有看清他人进行沟通的真正想法，才能更好地找到解决问题的办法，突破沟通中的屏障，化解一些不必要的麻烦。用自己的察言观色掌握沟通的主动性，自然能在沟通中获得对方的好感与重视，同频沟通的愿望自然不在话下。

这样不仅能做到同频，还能创生出高价值的社交关系，形成优质的圈子。所以，不是你社交不行，而是你没有掌握正确的社交要素。真正的同频沟通就是要敢于跳出现有的圈子，积极地进入同频优质的群体环境。正所谓士为知己死，就是我们对于有着共同信念价值观的人而言，正能量的同频社交是我们人际交往中必做的功课。

有什么办法让大家都觉得你很特别

你是否有过这样的经历，在日常生活中，总会有独自面对陌生环境的时候，那时你的焦虑和不安会不自觉地把你团团包围，让你只好用玩手机的方式掩饰自己的不知所措。或许，你也会纳闷，明明不是一个害羞内向的人，但就是不知道如何在陌生环境里“破冰”，让别人快速见识到你的魅力。其实，想要在新的环境中快速地适应下来，最快的方式就是引起他人的注意，搭建良好的人际关系。那么，有什么办法让大家觉得你是一个好相处又特别的人呢？

我们每个人都有自己的个性，不同的生活习惯和行为方式造就了我们独一无二的魅力，如何散发自己的魅力才是难点。有些人好像天生就懂得在陌生环境中快速地释放自己的魅力，这样肯定能给他人留下深刻的印象，从此让他人对其刮目相看。但是大部分人还没有这样的能力，所以我们必须学会展现自己独特的魅力，不再只是躲在角落里站着。通常，那些能在刚见面就给人留下深刻印象的人大多具有以下几个特点。

1.稳定传递自己的价值，找到自己的“标签”

那些在人群中喜欢用言语表现自己的人不见得就能赢下所有人的目光，所以我们千万不要以为只能用语言来刻意表现自己的“特别”，因为那么做最多会让一部人觉得这类人很会来事儿。俗话说：“外向的人更注重外部世界，内向的人则看重内部世界。”不是只有声音能表现出你很特别，真正能让别人觉得你不一样的地方，其实在于你要找到能稳定传递自己价值的方式，发现身上的闪光之处，也就是善于发现自己的专长，因为人是会被那些真正有实力的人吸引的。

事实上，没有人一生下来就明白自己的闪光点在哪，就连刘备也有过迷茫的时刻。就连刘备也是一生郁郁不得志的时日居多。刘备幼年丧父，10岁跟随母亲在涿县街头编草鞋、卖草席。17岁因老师卢植出任扬州庐江太守，刘备不得不辍学归家。24岁到30岁之间，接连三次丢官，但他不曾放弃，积极进取，终在34岁时成为一方诸侯。但却不想厄运从未放过他，在34岁到47岁的人生中，刘备六次狼狈出逃、多次妻小被掳，兄弟被抓，过着寄人篱下又颠沛流离的生活。但这一次次丢官、逃亡，却依旧无法打垮他。在命途多舛的时刻，刘备依旧屈尊三顾茅庐，请出了诸葛亮。这才在二十多年的沉浮之后迎来了人生中第一次清晰的目标“先取荆州后取蜀、三分霸业笑谈中”。

那么，我们普通人更该如此。比如，你擅长的是写作，你可以把手上的材料写得比别人更有条理、更为清晰，自然会吸引到他人向你请教写作的技巧；或是你为人正直，它也会让别人对你的信任度变高。这样的例子还有很多，总之在生活中，让自己擅长的事情成为自己独特的“标签”，这样才能为自己带来竞争力，获得别人对你的“青睐”。你的独特之处自然会在不知不觉间抵达对方的心里，口口相传，拥有好的口碑。

2.营造幽默轻松的氛围

美国一位知名的心理学家说过：“幽默是一种最具感染力的手段，也是最具有普遍意义的传递艺术。”幽默在人际交往中往往起着不可低估的作用。不论是多么尴尬的局面，一句幽默的语言，都可以让气氛瞬间变得轻松融洽起来，也更利于双方的交流。一个会营造幽默氛围的人，他必定是社交场合的老手。幽默也会让你的形象更具吸引力，这样别人怎能不对你留有好的印象呢？

《红楼梦》中有这样一段描写：贾府上下都希望贾宝玉去考取功名，尤其是史湘云、薛宝钗二人，更是常常劝贾宝玉去为官。然而，贾宝玉的志向根本不在仕途，对她俩的劝说很是反感。但贾宝玉是一个八面玲珑的人，他不想把气氛搞得太僵，又不想让她们继续无休止地碎碎念，于是便用幽默的话语化解了这样的尴尬。贾宝玉没有直接反驳二人，而是当着她俩的面说起林黛玉的好话来，用俏皮的语气道：“林姑娘就从来没有说过这些混账话！要是她说这些混账话，我早和她生分了。”史湘云和薛宝钗听后自然不好再来劝说，反而把话题打住了。

这就是贾宝玉的高情商。他用这样轻松的话语堵住二人的嘴巴，又没有和她们闹得不愉快。说来也凑巧，此时黛玉刚好来到窗外，无意中听到了贾宝玉在他人面前对自己的赞美，心里好感倍增。所以，幽默不仅能拉近彼此的距离，还可以很好地化解人际交往中的尴尬。

3.修炼由内而外的自信

作为央视流量密码之一的魅力王子撒贝宁，一出场总能让人不自觉地被他的魅力所吸引。一方面，他既可以做到在主持大型晚会时谈笑风生，把控全场；另一方面，又可以在网络综艺里，搞笑地唱着《野狼disco》。为什么他能如此毫不费力地自带“流量”呢？很大一部分原因在于他由内而外的自信。一个人如果能够由内而外地自信起来，自然能轻易得到别人的关注。其实，撒贝宁的自信并不是与生俱来的，而是靠后期的慢慢修炼形成的。

撒贝宁在接受采访时说过，他小时候曾因为多次转学变得非常不自信，根本交不到朋友。在录《今日说法》第一期的节目时，他还因为太过紧张和不自信一直忘词，因为他一直在留意其他工作人员的一举一动，很怕他们发出不满的啧啧声。因为内心的不自信，他总是觉得自己有什么地方做得不够好，所以前前后后录制了两个多月，成品才让人比较满意。

之后，为了解决不自信的问题，他不断改正自己在主持功力上的薄弱点，每天都练习口语，甚至为了逼着自己适应舞台，不断站在舞台中央，参加各种演讲比赛，学习各种技能，好让自己面对观众时信心满满。日复一日地练习，才有了如今自信爆棚的撒贝宁。

所以，任何人的“特别”都不是一时的改变，也没有不劳而获的成功。要想在人群中变得与众不同、受欢迎，除了自身的努力外，更要懂得挖掘和放大自身的独特魅力，突破自己的局限，这样才能让大家觉得你很特别，愿意被你吸引，过上你想要的生活。

同时，要想在人际关系中走得顺畅，也需要遵循社会价值交换的原则，给予彼此所需要的东西。一个盲人在夜间行路，手里却提着一盏灯，其他人看到了，便不解地问他：“你本就看不见路，还提一盏灯，不是多此一举、自找麻烦吗？”不想盲人很坦诚地回答说：“之所以举着一盏灯，不是为了给自己照路，而是为了方便他人能看见路、看清他，这样就不会撞到他了。”

生活中，我们在与人相处时，没有人愿意总是无偿地去付出。如果想要获得他人的认可，你本身就应该是一个“特别”的人，身上有能吸引他人的特别之处，这样才会有持久稳定的人际关系。因此，与人相处时，要想得到对方的赏识和认可，想让大家见识你的特别，你势必要成为独具魅力的人。

初次见面怎样向对方展示肢体语言

肢体语言在社交活动中发挥的重要作用想必不用赘言。那么，为了使自己更加动人，我们就有必要设计好自己的肢体语言，让适当的肢体语言帮助我们更加顺畅地完成吸引。

一般来说，适当的肢体语言必须满足以下几个要求。

1.自然

自然是对肢体语言的第一要求。与人交流时，有的人动作生硬、刻板，好像木偶一般；有的人则刻意表演，动作和姿态看起来总是非常做作，说话就像“背台词”一样。这些表现都会让人觉得别扭、不真实，缺乏诚意。孙中山先生告诫人们，要“处处出于自然”，即使“有时词者严重”，也“不可故作惊人模样”，这样才能赢得人们的信赖。因此有人说，宁要自然的雅拙，不要做作的乖巧，这不是没有道理的。

2.简洁明了

肢体语言要大众化，举手投足应该符合一般的生活习惯，易于被人们看懂和接受。肢体语言要简洁明了，不要搞得烦琐复杂。如果龇牙咧嘴、手舞足蹈地像在表演戏剧一样，不仅会喧宾夺主，妨碍有声语言的正常表达，也会让听众眼花缭乱、不知所云。所以，一定要注意克服不良的习惯动作，去掉无意义的多余动作。

3.适度适宜

所谓适度，即肢体语言要适量，不要用得过多，最低限度是不能影响听众对你说话内容的注意力。交流时，有些人做的动作比说的话还多，那就有点儿像演戏了。所谓适宜，就是要求动作必须与交流的内容、情绪、气氛协调一致，不要故作姿态、故弄玄虚甚至手口不一。据说，在一次招待会上，美国前总统尼克松举起双手招呼记者们站起来，嘴上却说“大家请坐”，弄得记者们大惑不解。于是，尼克松这次说话时动作与内容的不协调就成了逸闻。

4.富有变化

交流时，适当地重复动作是必要的，它是为了重现或强调原来的情绪。但不要总是重复一种肢体语言，如果在交流中自始至终保持一种表情、一种手势，就会让对方觉得单调乏味、迟钝死板。因此，我们要善于随着内容、情绪的变化适当地变换动作和姿态，这样才能展现出个人的活力、朝气和魅力。

但是肢体语言毕竟只是完成表达任务的手段，而不是说话者追求的最终目标。对于沟通来说，肢体语言没有独立价值，只有辅助价值，在交流过程中处于从属地位。正是这种从属地位决定了肢体语言的设计和运用必须满足表达的内容、情绪、对象等因素的特点要求。肢体语言的设计必须遵循以下几个基本原则。

1.肢体语言要服从内容表达的需要

这是肢体语言设计的根本宗旨。美国历史上有个叫雷布斯的政治家，他在伦敦做“关于劳工问题”的演说时，突然中途停了下来，取出怀表，站在那里望着听众足足有一分多钟。听众们都觉得非常奇怪：这是怎么回事呢？发生了什么事？难道他忘记了演讲词？就在大家猜疑的时候，他突然大声说道：“诸位，刚才让大家感到局促不安的72秒的时间，就是一个普通工人砌一块砖头所需要的时间。”这时大家恍然大悟。雷布斯设计的中途停顿的动作，既新颖别致，又生动深刻地表达了他在劳工问题上的思考和见解。

2.肢体语言要服从对象、场合的需要

人的表情、动作、姿态和衣饰，都必须考虑和适应特定的对象和场合。给工人做励志演说和联谊会上做社交演说的衣着打扮和神态应该是有区别的；参加喜庆活动与参加悼念活动时的举止、仪态也应该截然不同。

3.肢体语言要服从情绪表达的需要

任何表情动作都是人的内在情绪和情感的体现。肢体语言的设计必须切合感情的脉搏，服从情绪的支配，该哭则哭，该笑则笑，该怒则怒，该怨则怨。所有表情动作应该随着交流时情感的起伏自然而然地发出，切不可故作姿态、装模作样。

4.肢体语言要服从审美的需要

体态动作直接作用于人们的视觉器官，美的肢体语言让人赏心悦目，丑的肢体语言则令人反感厌恶。这就要求我们无论在任何场合，不管是坐着还是站着，都使自己的一举一动、一颦一笑符合大众审美的要求。设计肢体语言的时候，还要注意体现出性别特征和个性特征。一般来说，男性应该展现出阳刚之美，女性则展现出阴柔之美。男人要有男人的气质和风度：刚劲、强健、粗犷、潇洒；女人要有女人的柔情和风姿：温柔、细腻、娴静、典雅。不男不女的外表、轻佻的姿态、猥亵的神色、放荡的举止、下流的动作、低级粗俗的打扮等，都是审美的死敌。切记，你的谈吐举止必须服从审美的需要。

设计好肢体语言，你就能在沟通中挥洒自如。这样不仅能为你的语言锦上添花，还能在言谈举止间释放你的个性和人格魅力，形成无形的吸引力。

在所到之处，播撒旭日暖阳

温暖，一个带着热量的词语，在生理上有了温暖，就不再感到寒冷；在心灵上有了温暖，生命就有了力量；在人际关系上有了温暖，我们就不再会孤独。温暖，真的是一个很美好的词语。

为什么我们要做温暖的人，而且是持续温暖的人呢？因为身为社会个体，我们永远处于关系之中，每个人都是关系中不可替代的一点，内心都渴望在社交关系中找到自己的存在，想要获得幸福，而幸福关键的一点，就是要与别人建立美好的交流和情感羁绊。

温暖别人一直以来都是一种互相温暖的过程，就像拿在手里暖手的杯子也会因你的掌心而带有温度。我们无法左右别人的节奏，却能做出自己的选择。带着一颗善意而真诚的心主动温暖别人，也能让自己温暖起来。围绕在你身边的亲朋好友自然会感受到你的温暖的辐射，这样你们就会形成一个带着热量的群体，发光发热地爆发出更大的能量，互相保护与支撑。

外国一名著名心理学家提出过一个心理学名词，叫“不含引诱的爱意”，它的含义是：人与人之间最高等级的情感，是一方深深地理解另一方，并且无条件地接纳对方。他认为这是人类关系中最理想的状态，即不管你是怎样的人，对于你好的部分和不好的部分，我都一样接纳。试想自己的亲密关系，我们是否也需要这样呢？不管是好朋友还是伴侣，我们都不能只要求对方展示自己的优点，更不能在发现对方缺点的时候冷漠地拒绝或者粗暴地回应。温柔地接纳对方，是一种高级的情感能量，可以给双方的关系带来深层次的滋养与呵护。你温柔地接纳了对方，对方必定会给予你温暖。

再铁打健壮的身体，也有受伤的时候；再强壮的内心，也有软弱的一刻；无论是工作还是生活中，每个在社会里摸爬滚打的人，肯定会有遇到困难、沮丧难过的时刻。这时即便我们可能无法在行动上给予帮忙，都会去安慰对方。有些人可能会说自己不善言辞，或者说了一大堆却完全没起到安慰的作用，不知该如何温暖对方。其实知道以下几个要点就可以了。

首先，不要说“别哭了”“你这样想是不对的”这类压制对方情绪表达的话语，只要他没有做出过激的行动，我们就要无条件地温柔接纳对方的情绪发泄，也不要急着对事情做出评价。通常，在安慰朋友的时候，我们会常犯这样的错误，就是觉得自己与对方关系很好，感情很深，希望能把对方马上带到正轨上来，或是改变对方错误的想法。相反，我们应该给难过的人充分表达的空间，等他充分发泄情绪冷静下来后，再给出一些积极向上的建议，避免说教和讲大道理。这样对朋友来说才是有效的安慰和帮助。

平日里的点滴行动，甚至寥寥数语，都可以起到温暖他人的作用。在人际交往中能够温暖别人的人，都有几个共同特征。首先是自我正能量很足。对于这一点，我们其实反复强调过了。如果你想要给他人带来温暖，让他人感受到你的魅力，受到你的吸引，能够因为你变得阳光，那么你本身就必须是一个温暖、非常充满正能量的人。因为只有自己拥有的能量足够多，才有能力将多余的那一份分给他人，让他人感受到自己的温暖。其次，永远不要忽视陪伴的作用。人是社会性动物，大都喜欢群居环境，人越多，越有安全感。一个人的生活，最害怕的是被落寞和恐惧支配，孤独是最难以忍受的心理状态。陪伴家人，陪伴知心好友，陪伴是最好的爱，可以抵挡世间所有的坚硬，温暖生命所有的岁月。

如果你在社会上工作、生活，有以上两个特征，就说明你已经是个十分温暖的人了。这样的性格会给你的人际交往带来很大的好处。温暖的人会拥有一种特别的吸引力，身边的人会忍不住向你靠近，因为你就像一个会发光发热的暖宝宝。

想想平时遇到的那些善良温暖的人，和他们相处时，在他们暖洋洋的气场下，自己仿佛也会变得温柔。温暖的人，不管走到哪里都更加受人喜欢。这其实是有心理学依据的，心理学家称之为“暖风效应”。

欧洲一名童话故事作家写过一个著名的小故事：暖风和冷风在比赛谁的能力更大，然后冷风提议说看谁先把人类的衣服吹掉就胜利，暖风同意了。冷风先来，只见他呼呼地发挥自己冰冷的力量，使劲地往人类身上吹，结果人类觉得冷死了，把身上的外套扣得紧紧的。冷风再三努力，还是没能吹掉人类的衣服，只能放弃。然后，暖风上场，他释放了自己的温暖，徐徐的暖风在人类身边吹过，人类顿时觉得身体暖和起来。暖风继续吹，不一会儿，人类就把外套脱掉了，因为已经一点都不冷了。

这本来是生活中的智慧小故事，但心理学家发现在社交生活中，人际关系也存在着这一情况，于是把“暖风效应”叫作“温暖法则”。举个例子，你和同学因为一件事情闹矛盾吵了一架，然后你选择和同学冷战，谁也不理谁。由于你们一直僵持不下，原本很好的感情就慢慢地疏远，再也回不去以前的友好了。

相反，另一对吵架的同学，一方在冷静下来后，主动给对方买了小零食，笑着说：“我们一起吃零食吧。”对方看到他温暖的笑脸和友善的举动，也放下防备道歉了，然后两个人和好如初。这就是温暖的力量。

其实，成为一个温暖的人，在疗愈他人的同时，也疗愈了自己。你懂得了善待人生中的每一个缘分，呵护每一个受伤的心灵，帮助每一个弱者。这样的你，自然更能坦然面对人生的风风雨雨，因为你给出去的温暖都反向照耀在了自己的身上。大道至简，简单的行动、简单的话语便可以温暖别人，温暖世界。成为一个温暖的人，让温暖的热量在人际关系中流动，那么这股热量所到之处都会是如同旭日般的暖阳光明。

第 3 章 <<<

60 秒，让陌生人突然感到被吸引

物质之外：创造你的被需求度

被需求是一种价值的体现。

当一个人被他人、团队、企业、社会所需求时，这个人才能建立起被需要后的尊重、满足，真正达到自我实现的需求。反之，当你不被需求时，短暂轻松过后的则是失落、沮丧、空虚和落寞。

这就可以解释为什么一到九月开学季，小学、幼儿园的门口就会站满家长。其实，这些家长放不下的不完全是孩子，也有自己。时时刻刻都需要自己照顾的孩子，突然之间被放手，那种被人需求所获价值感的缺失，只能通过这种方式来缓解了。

这也可以解释为什么很多人退休之后会接受薪资远低于退休前工资待遇的返聘，回原单位继续从事退休前相同的工作。他们回到原单位继续上班，表面上看，是为了打发无所事事的时间，实则是寻求被需求后的充实感与满足感。

这还可以解释为什么现任万科集团董事会主席郁亮一直在强调要努力把万科变成一个被社会需求、被客户需求、被城市需求的公司。郁亮认为，被需求才能活下来，企业才能生存与发展，一旦企业不再被需求，将无法避免被淘汰的命运。

不论个人还是企业，在被需要时才能体现自身的价值所在。

那么，如何创造物质之外自己的被需求度，提升自我价值呢？

第一，学习。

人只有在不断的学习中才能获取更多的知识，开拓思路，拓宽眼界，看得更远，想得更深。学习还将给予我们技能，让我们在某一领域具备更强的能力和见解。

你是否听过这样的话，那就是，人生一定要交两个朋友，一个是律师朋友，一个是医生朋友。之所以交从事这两种职业的朋友，为的就是在你最无助时能得到最真诚、最专业的建议。

在这里，专业建议就是被需求的对象，知识和经验在许多时候被需求的迫切程度远超物质。

另外，我们所处的是信息和技术高度发达的时代，面对技术的快速崛起，许多工作将被机器替代，我们终将面对许多工种和职业“人不被需要”的困境。

然而，学习可以缓解我们在这种时代背景下许多人不得不面对的问题。

第二，学会经营你的长处。

每个人都有长处，在生活和工作中，我们要学会扬长避短，把自己的优势发挥出来。

人要忠于自己的长处，不要因为看到别人因某种特长和技能被需求，就随意改变自己的学习计划，把时间用在自己并不擅长的陌生领域。你要知道，需求是在不断变化的，人不论再怎么努力，只能适应一部分需求，而不是全部。

当你坚持自己的长处并一直把它保持下去时，当别人需要你时，你就会获得机会，显然，长时间的积累和付出，很容易让你在擅长的领域做出成绩，从而获得认可和肯定。

第三，担当。

李湘在节目中坦言，为了能与女儿建立更为亲密的关系，让女儿习惯她的照顾，她辞退了跟随她16年的保姆。

事情的起因很简单。一天，李湘哄王诗龄睡觉，用尽办法，女儿都不买账，一直哭闹不停。王诗龄一边哭闹，一边要求家中保姆来陪自己睡觉。李湘无奈，只得顺从王诗龄的心愿，让保姆来哄孩子睡觉。让她没有想到的是，王诗龄在保姆的陪伴下，情绪很快恢复平稳，沉沉地进入梦乡。李湘突然发现，女儿对保姆的情感需求度远超自己。于是，她只得把保姆辞退，以便更好地建立自己对于女儿、对于家庭的高需求度。

有人说李湘此举过于狠心，因为这16年里，李湘从当红主持到建立自己的文娱公司，从结婚、离婚到再婚、生娃，人生如同过山车，虽功成名就，但也不乏失落、失意之时。在万变中，李湘身边唯一不变的，就是这个保姆一直的陪伴。你不能因为自己哄孩子睡觉，孩子哭闹，而保姆来哄，孩子就立刻安稳入眠这点小事，把人家保姆辞退了。

但就母亲这个角色而言，李湘此举非常正确，这是她作为母亲的担当，是对女儿负责任的表现。

不要把本该归属于自己的责任交付给他人，职责的长期缺失将最终沦为不被需求，导致感情的疏离。

现下，离婚率的居高不下，有一部分因素就是年轻夫妻有了孩子后，爸爸不能承担起父亲的职责，造成女性长期的丧偶式育儿，进而对婚姻失望透顶。因为她们发现，有没有丈夫，自己的日子都一样糟糕，没有丈夫，或许还能减轻些负担。

担当在家庭和工作中极为重要，这个世界没有什么是不可被取代的，如果你长期缺失、缺位，你将终不被需求。

第四，保持底线。

你的道德可以有瑕疵，但是绝对不能突破底线。

请保持真诚和善良，这是人际交往中不可突破的底线，虽然有时会很难，但请你一定要保持下去。

当两人的能力处于相同状态时，你的人品将决定你是否会成为被需求对象的首选。想要获得他人出自内心的认可，你必须拥有基本的道德底线。

中国有句古话：心中无缺视为富，被人需要视为贵。

在物质之外，创造你的被需求度，是成就自我最好的方式。

人作为社会性动物，需要生活在群体中，创造自己的被需求度，被他人需求，是一种互惠互利、相互成就的举动。

要注意的是，你一定要把握被需求度，不可无止境地答应或配合他人的需求。

在工作中，你无止境地答应或配合他人的需求，是滥好人的典型特征，长此以往，你得到的不是感恩和成就，而是被他人的忽视，人们觉得你就是这样，你不会拒绝，也不可能拒绝，有事找你就好了，结果你超能力范围地付出，不仅会让你不断出错，反而让这些本不该你犯的错误，成为你无能的证据。

在生活中，你无止境地答应或配合他人的需求，只会培养出巨婴。当家庭成员全都无作为、不担当时，家不再是温暖的港湾，而是泥泞的沼泽。

请记得，需求有度，被需求也要有度。

从里到外，提升你的正向能量

当你和一群陌生的人围坐在一起吃饭时，酒过三巡，你会发现，一桌子人会裂变成三三二二的小群体，小群体间很快地从陌生到熟悉，从无话可说到亲切交谈。

这种情况的发生，除了座位相邻的便利外，最重要的是小群体中的人有共同语言，身上有相同的特质。这种肉眼看不到的东西在拉近双方的距离，促使每个人在一桌子的人中间选择他或她作为交谈对象。

这种现象也是心理学中吸引力法则的一种表现。

茫茫人海，我们总是更趋向寻找那个和自己有相同特征的人，就像古语所言，物以类聚，人以群分。

当你知道这一切后，就是时候从里到外提升你的正向能量了。当你拥有了更高的正向能量，你会吸引到更多拥有更大正向能量的人向你靠拢，他们将为你营造一个良好的生态环境，让你的生活充满阳光，发现、感知、获得更多的真善美，提升你的幸福指数，从而让你拥有更高的生命质量。

提升正向能量，更符合大众、社会对个体的期望和要求，是顺应时代发展趋势的。

那么，如何提升自己的正向能量呢？

第一，尽可能地消除你能遇见的负面能量。

1.远离抱怨，不要把自己沉浸在别人消极抱怨的垃圾桶里，你应该跟对方说“停止吧！抱怨起不了任何作用”。相反，抱怨只能把经历过的不顺心的事，一次再一次地情景再现，把自己的心情拉到谷底，拉到见不到阳光的地方。

千万不要和别人一起抱怨，抱怨的结果就是，所有的错都是对方的。长时间抱怨，将剥夺你的理性，让人无法看到自身的不足和缺点。如果一个人意识不到自己的不足和缺点，那么他永远不可能进步。当别人都在向前时，你原地踏步的结果就是落后。孩子很难尊重没有担当、只会抱怨的父母，企业更不需要只会抱怨、推卸责任的员工。

2.控制情绪，缩短伤心和失落的时间。这个世界每天都在发生让人难过、让人伤心的事情，伤心和失落是情绪的释放，这是我们不能回避的宣泄方式，但是万事皆有度。请尽可能缩短伤心和失落的时间，把时间和情绪投入下一个积极的事件，远比伤心、失落有意义得多。

比如，你把事情搞砸了，失落是难免的，但是你坐在这里发呆，根本无法改变结果，不如站起来，看看事情还有没有补救的余地。如果真的没有，就做好承担后果的准备，处理好这件事情的后续，避免最坏结果的发生。

3.远离那些充斥负能量的人和事。充斥负能量的人和事就如同一个没有尽头的黑洞，他们将吞噬你的时间和热情，消耗你的信任和激情。当你的能力不足以改变他们的负能量时，远离他们是最好的选择。

第二，拒绝自我设限。

如果你给自己设限，就如同给自己设置一个牢笼，你将很难有所突破，会认为自己无论如何努力，都无法实现理想中期待完成的目标。如果是这样的话，你将失去希望，而我们知道，希望是一切的开始，是人生通往成功的指向标，一个没有希望的人，也将没有未来。

设限会让你感到无能为力，丧失自信心，转而去羡慕别人，为什么别人可以做到而自己不能，你将停留在自己限定的范围内，进一步降低自我认同感。如此一来，你将更难有所突破、有所尝试。

其实，很多时候，不是你没有能力，而是你认为自己没有能力，这将埋没你的才华，让你失去宝贵的机会。这时，只要尝试一下，再努力一把，就能实现你觉得完全达成不可能的目标。

不要给自己设限，积极争取更多的机会，让自己不断向更高处进发，不要在乎自己能走多远，永远不要给自己制造一个我只能到这儿的心理限定。

当你不再给自己设限后，你的进取、向上的动力将会得到空前爆发。

第三，拥抱热情，坚定希望。

我们受儒家思想的影响，个性更为内敛、含蓄，很难像西方人一样把如火的热情释放出来，但是这并不影响我们拥有热情，并拥抱热情。

心理学认为，一个人的精神状态将直接决定这个人感知幸福的能力。一个人若是呈现消极毫无生机的精神状态，他看到的一切和他的状态一样没有什么意义。相反，若是一个人拥有热情乐观的精神态度，他总能发现事物中的美好，寻找到对自己有用的东西。

在河南，有一家非常厉害的超市，它开业时顾客盈门的程度能把电梯压坏。有阿姨为了买一瓶酱油专程打的过去，结果打的费用远超酱油的花费。为了给别的超市留下生存空间，这家超市每个礼拜都定期关门歇业。

这个超市就是许多人听说过的胖东来。

有人采访过胖东来的顾客，选择胖东的理由是什么，许多人给出的答案是热情。不论你是购买商品还是随便逛逛，胖东来的员工从内心散发出的热情都会深深地感染你，让你体验到的是被重视、被尊重，被当成家人般来呵护。

坚定内心的希望，符合吸引力法则，你所想的最终都会变成你所拥有的。

希望是我们陷入困顿中那根救命的绳索，希望不灭，未来可期。

第四，知足、感恩。

攀比和贪婪能迅速拉低我们的心情，让我们陷入消沉。最让人恐惧的是，这两种情绪可以无限制膨胀，永远无法得到满足。当人们陷入这种物质欲望中不能自拔时，精神世界也将极度空虚。

然而，知足的人却可以避免这种情况的发生。他们有更多的时间去追求更高层次的精神世界，让自己充盈、丰满起来。

再有就是感恩，一颗充满感恩的心，能让我们感知到生命中的善意与爱。正所谓投我以桃，报之以李，只有感恩的人，才懂得用尽量相同的方式回报别人为我们付出的一切。当你给予对方回报时，也能赢得对方更多的善意与尊重。

提升你的正能量，就从现在开始吧！

回归到吸引力法则，你会发现，当你充满了正能量，你的生活将被阳光和热情包围，所有美好皆会被你的正能量磁场吸引而来。

你的生活就像新年的祝福语一般，万事顺意更胜意。

看得见的人品，是一切吸引的基石

人际交往从零到破冰、社会关系从疏离到亲密、团体组织从松散到聚合，都是人与人之间的距离变化。这种距离既是物理、身体上的，更多的是精神、心灵上的。你有没有遇到过这样一群人，他们仿佛自带强大的人格魅力，上天赐予他们独特而神秘的强大力量，这种看不见的力量让他们不管身处何种情境都能吸收并运用该领域一切人、事、物的全部智慧。究其原因，是身上独特的吸引力让他们熠熠生辉。

看得见的人品，是人与人深度交往的前提和基础。吸引力法则强调主观与客观的统一，人的道德标准和客观行为是一体两面的。主观道德标准是固化了的、已经成型的行为实践，客观行为则是人品的客观显现，是看得见的人品。

刘姥姥是《红楼梦》中极具特色的人物。在曹雪芹笔下，她谙于世故的性格被淋漓尽致地表现出来。她虽然浑身上下透露穷酸气，但是其知礼、感恩、乐观的价值观念仍然赢得贾府上下的尊敬。比如，当外孙板儿忍不住上手拿平儿手中还未放在桌上的美味佳肴时，刘姥姥厉声训斥其不懂规矩。在和王熙凤的交谈中，刘姥姥展现出异于生活境况的豁达，她的风趣幽默、妙语连珠，身在低位看待艰难困苦的那种积极向上的心态让人敬服。

而王熙凤，虽然对于刘姥姥“打秋风”的来意心知肚明，但仍以礼相待，说说笑笑间，既给了刘姥姥体面，又不失自己贾府当家人的尊贵身份，临走还安排了一乘撵轿送刘姥姥回家，可谓贴心周到、思虑周全。每个人的家庭背景、生活境况、知识水平都有不同，相同的可能是最基础、最本质的人性价值观。正是这一点点的相同构建了双方交往的桥梁，所以在任何时候，面对任何人，不卑不亢地以自己认为正确的态度表达意愿，无疑是一种合适的人际交往方式。不用在意和顾忌太多，物以类聚，人以群分，懂你的人自会懂你，不懂的强求终究是生分。就如王熙凤和刘姥姥之间是有最基础的吸引力的，刘姥姥二进荣国府，贾府败落刘姥姥耗尽家产救巧姐出妓院等，都发端于两人第一次见面时对彼此人品的认可和肯定。

看得见的人品，是经受得住时间考验的。所谓人品，是一个人自始至终奉为圭臬且持之以恒在实践中长期坚持的社会道德行为准则。长时间地接触和观察，会让人品以“标签”的方式出现在社交圈中。当提到某某人时，认识的人会说，某某人品端方、刚正不阿，某某人小肚鸡肠、最爱背后捅人刀子……这种标签往往一传十、十传百，最终成为这个人的代名词。

小说《长安的荔枝》中，主角李善德是个思想保守、不知变通、不善社交的九品小官，被身边人坑害接下运送五千里外岭南新鲜荔枝到长安的不可能完成的任务。他因“蠢笨”“懦弱”的特点被日日相伴的同僚陷害，却又因“执着”“同理心强”而得到荔枝林主人阿僮的信任。一个人的人品是由多个“标签”构成的，这些透过时间的长河积淀在每个人身上的难以磨灭的痕迹构成一个个普通又特殊的人。真正的人品是靠时间去检验的。

李善德获得杨国忠的首肯之后便担负起“荔枝使”的责任，大肆砍伐阿僮精心种植多年的荔枝树，耗费了大量驿卒、马匹的性命才让两瓮新鲜荔枝按时送抵长安。身为“朝廷命官”的李善德为如此地民不聊生而痛心疾首，却又不得不硬着头皮毫无灵魂地完成这个劳民伤财的“大计”。善良耿直的他终究在完成任务后提请辞官，放弃平步青云的机会和妻女归隐田间。说他愚蠢至极，实不尽然，几年后，朝廷动荡，贵妃赐死，无人享用美味，“荔枝使”当然被弃如敝履，这时候再看，他便是绝顶聪明之人。

看得见的人品，是叩开机会大门的钥匙。电影《当幸福来敲门》的男主角克里斯生活窘迫，为了自己和儿子的生计，他拎着一台骨密度扫描仪跑遍旧金山的大街小巷，常常蓬头垢面、大汗淋漓。为了进入证券公司实习，他曾经在公司门口蹲守一个月之久，这样的耐力和长期以来的热情终于让证券公司经理杰记住了他。他以搭车为理由和杰同路，一路疯狂地推销自己，杰却在玩弄手中的魔方充耳不闻。聪明的克里斯立刻转变思路，拿过魔方且迅速拼好了它，让杰目瞪口呆。克里斯最终用他的努力和智慧获得了进入证券公司实习的机会。

吸引力法则认为，任何事情都不是表面看起来那么简单的，任何幸福也不会来得那么容易。以高学历、高背景进入公司的同事会戴着有色眼镜看克里斯这个年龄大、脑子笨的黑蠢货，但是令所有人不敢相信的是，实习结束之后，只有克里斯留下来成为正式职员。

克里斯说："我是这样一种人，当你问我一个问题，如果我不知道，我会承认，但是事后我会想尽一切办法把找到这个问题的答案给你。"正是这种一以贯之的坚持不懈和打破砂锅问到底的精神，支撑着一路他从连房租都交不起的穷鬼到成为年薪百万的证券公司高级经纪人。这份看得见的人品滋润了克里斯的同时，同样温暖了他身边的人，破解了幸福的密码。

有人问幸福真的会来敲门吗？答案是当然会，前提是勤奋、上进、热爱生活的你是上帝眼中那个值得"掉馅饼"的人。因为对于那些浑浑噩噩、庸庸碌碌的人来说，即使掉下来的是馅饼，在他们眼中也是接不住的"飞来横祸"。正如电影的名字那样，当幸运来敲门，如克里斯般向阳生长的人会兴奋地打开大门，和幸福说"hi",他们将一切苦难看作生活的调味剂，步履不停地向上生长，晴空万里终究会被他们收入囊中，只是时间问题。

当你看别人走的路时，往往会忘记看自己脚下的路。与其这样，不如踏踏实实做回自己，也允许别人做回别人，带着对生活的期待拥抱时间的考验。

察言观色，满足别人的心理需求

素有清朝第一谋士的范文程特别善于察言观色，常能在细小微末处洞察世事，深受皇太极的器重。

崇德六年，清军包围锦州，大败明军，俘虏明朝大臣洪承畴。皇太极爱惜人才，希望洪承畴可以归顺大清并辅佐自己。然而，洪承畴却誓死不降，派多人劝谏无果后，皇太极想到了范文程，希望他能说服洪承畴为己所用。

鉴于多人劝降失败，范文程见到洪承畴后全程不提劝降，而是与之谈古论今，静听其言，细观其行。洪承畴在这种情况下渐渐放松戒备，也开始侃侃而谈起来，但是他对于自己绝不投降、杀身成仁的态度却表现得异常坚定。正巧此时，房梁之上，有一撮灰尘飘然下落于洪承畴身上，洪承畴忙用手掸去灰尘。范文程见到此景，立刻明白，洪承畴并不想死，以身成仁的想法实则是他内心抱负无法施展的悲鸣。

范文程别过洪承畴，见到皇太极后，把自己的所察所观一一言明，说洪承畴对自己的一件衣服尚如此爱惜，何况生命，以前用荣华富贵、美妻娇妾贿赂洪承畴的方法并不合适他这样的名士，以礼相待，给予他建功立业的机会才是打动他的办法。

于是，皇太极亲自来到牢狱之中，脱下自己的貂裘披于洪承畴身上，并言先生一定要保重身体，莫要受寒。洪承畴大为感动，最终投身皇太极的麾下。

虽然历史对于洪承畴毁誉参半，但是他为满、汉民族融合，降低江南税赋，让更多汉人获得开科取士的机会等做出的诸多有利民生的贡献却是实打实的。

察言观色最早出自《论语·颜渊》：夫达也者，质直而好义，察言而观色，虑以下人。孔子认为品格正直且有礼仪的人，应该时刻观察对方的言行举动，感知他人的内心需求，用谦恭的态度待人处事。

由此可见，察言观色，满足别人的心理需求，是一种高情商的表现，是成人之美。

那么，我们该如何做到察言观色呢？

第一，要听其言，观其行。

我们要学会聆听，让别人把话说出来，在这个过程中尽量不要打断别人的谈话及思绪。这不仅是观其言的重要组成部分，更能体现这个人的教养，一个有教养的人是不会随便打断别人的谈话的。

在这个过程中，我们应该注视对方，这样既可以表示对对方的重视和尊重，又让我们从细节动作中探知他此刻的情绪。

比如，对方此刻不停拿起水杯喝水，就表示他很紧张，正试图缓解。若是对方此刻正与你谈论着他是如何有爱心、有责任感，却在用鄙夷的眼神看着为他服务的工作人员，那么，千万不要相信他的话，他说的全是假话。

当然，更多时候，我们要看的不是他这一刻的行为，而是长期的行为，即他经常会做些什么。人可以隐藏一时，却不能隐藏一辈子。

第二，要看对方的动机是什么。

人类的心理世界过于复杂，有时会对特别亲近的人冷若冰霜，有时又会对不喜欢的人热情相待。仅凭只言片语，我们是不足以洞悉对方的真实内心的。因此，我们必须知道，引发他现在所作所为的力量和念头是什么。

范文程与洪承畴谈天说地的深层原因，就是通过引申、驳斥等方法让洪承畴说出更多有价值的信息，从而判定他现在的所作所为是不是他内心的真实表现。

我们不能说洪承畴所言舍身成仁的话是假的，忠心和忠臣不事二主的观念是他所受教育的体现，他既然说出这样的话就做好了失去生命的准备。但是在这背后，更有洪承畴对自己生命的珍爱，对自身才华不能施展的痛惜。

第三，要了解对方的偏好。

看这个人平时对于事件的态度和走向持什么样的偏好，这种偏好是他生命成长过程中逐渐形成的，是很难改变的。

比如，有的人天生胆小怕事，有的人却天不怕地不怕，有的人则持中立态度。这些胆小怕事的人，极度厌恶风险，他们一生大概是不会做出风险类投资的事情，因为不想有损失。那些胆大的人，很多敢闯敢干，他们对风险的承受力要好得多。

细观历史，我们能看到，洪承畴在松锦大战中一直是明哲保身的态度，他深知明朝官场争斗之残酷，不想得罪辽东监军张若麒，因而一直有意无意地纵容张若麒的瞎指挥、乱决断，最终出现重大失误，兵败如山倒，自己也成了清廷的俘虏。

这其实就是洪承畴珍爱政治生命的一种体现。他想要有所作为，不想陷入纠纷，容易向时局妥协。这样的人，是很难放弃生命的。

第四，要了解对方的立场。

一个人站在什么样的位置，就容易说些、做些他所站位置要求他说的话、做的事，即使有些话、有些事非他所愿，他也必须要说、要做。

如果我们能了解对方的立场，在此时满足他的内心需求，对于对方来说，就不只是成人之美，更是一种解围和救助。

比如，母亲教育孩子，而孩子又非常执拗，对母亲所言所语一概不从，还一个劲地顶撞。本身孩子没有犯什么大错，说两句就可以了，可是当话赶话赶在一起后，母亲就来了火，说我今天非打你不可，这孩子仍然不认错，还说打就打。可是这个母亲的手却一直在空中停留，久久不落。

这时一旁的你看此情此景，千万别走开，也别抱着父母教育孩子不插手的理念旁观，你需要劝劝母亲，让母亲有一个台阶，消除一场可能发生的家庭暴力。

相信，这位母亲一定会感谢你，她其实一点儿也不想打孩子，你的劝解既满足了她不想打孩子的心理需求，也缓解了母亲权威被质疑的尴尬。当然，体罚孩子是不被提倡的。

当你懂得察言观色、满足别人的心理需求时，你离成功便更近了一步，因为懂得成全别人的人，最终将得到别人的成全。

换位思考，有共情力才能共情

你是否曾被提醒，未经他人苦，莫劝他人善。如果有，你就要考虑一下，你的共情力是否欠佳。

共情力是站在他人的角度，设身处地为他人考虑，以他的立场为出发点，对事件有感同身受的能力，继而看清事情利害关系，最大限度地维护双方的利益。

共情能力，是敏锐的观察能力，是多角度思维的能力，亦是理解、包容的前提条件。只有你理解了别人为什么这样做后，才能冷静分析，寻求事件的突破点和解决办法，达到双赢的目的，而不是一味地要求别人如何做，固执己见，就得这么做。

电视连续剧《雍正王朝》曾有这样一幕，雍正师爷邬思道极力反对雍正举荐十三爷带兵出征西北，说如果雍正非要如此，会遭众人反对。雍正并不在乎，说有人反对，我就用自家百余口身家性命作保。邬思道听闻，说若是这样，你不但会害了十三爷，而且会断送一家百余口的性命。邬思道为何敢下如此结论？这是因为，邬思道能站在他人的立场，换位思考。

他知道，西北兵败是因为八爷一党为争兵权故意为之，他们找种种借口不按时供应军粮，又一个劲地催责，说带兵将领为己观望，不肯出城迎战，最终导致将领查尔丹不得不用冒进的方式，解自己之困局。四爷一党之所以这样做，就是为了让自己一党的十四爷带兵，继而夺得兵权。只有十四爷带兵，军粮供给才不会被掣肘，否则换谁都必败无疑。他还能站在皇上的角度看这件事，皇上一方面要保西北平安，必得选十四爷上战场，另一方面又害怕自己心中内定的继承人雍正没有仁君气度，置国家大义于不顾，争夺兵权。所以，皇上一直在观望，就是要看雍正的反应。其实，这时候不论雍正如何反应，都改变不了皇上要选十四爷出兵的决定。

最终，雍正在邬思道的劝说下放弃举荐被软禁的十三爷带兵的想法。虽然雍正举荐十三爷的最初目的是帮十三爷摆脱软禁，重获自由，但是雍正缺乏共情力，没有设身处地站在父亲的角度换位思考，他并不明白当时父亲软禁十三爷是为了保护他，而非苛责他。

换位思考是高情商的表现，为何邬思道可以换位思考，而雍正却不能，这是由于两人站的位置不同。

雍正是皇子，从小就习惯被别人照顾，别人都要遵从他的意见和想法，他就是权威。邬思道不同，他作为一个腿脚有疾的谋士，见过太多的世态炎凉，长期的社会历练让他更能够体会生存不易、生命艰难，所以他自信的同时又非常谦卑。

想要有共情力，首先得有一颗谦卑的心。只有这样，你才愿意从别人的角度思考问题，才能在不合理中发现合理性的存在。

比如，为何八爷一党可以不顾西北战事的紧急去做损害家国利益的事情，因为皇位的竞争是残酷的，一旦进入争斗，胜则已，不胜就满盘皆输，不仅是自己，一家百余口的性命都会输在争斗中。所以，八爷一党才会如此没有分寸，被权力蒙蔽双眼，这些邬思道看得清清楚楚。

雍正却不能看到，因为在他看来，他们同属爱新觉罗的子孙，只有家国好了，大家才会好，在外敌面前，他们内部的争斗可以暂放一旁。然而，这不过是他一己所愿，对于急于获得权力且谋划多年还未能占得上风的八爷来说，这些都是可以牺牲的，反正最终他只要得了兵权，仍旧会击退敌军，至于那个倒霉蛋查尔丹是死是活，就顾不得了。

想要有共情力，我们要做到己所不愿，勿施于人。

要想做到“己所不愿，勿施于人”的第一要素就是，把他人当成自己，这样才能进入他人的角色当中，用他人的视角看问题。

在现实社会，每个人所处的位置不同，际遇也不尽相同，不同的受教育程度及自身所处环境的不同，将极大程度地限制和左右这个人的行事方式与思维方向。但是，不论人与人之间有再大的差别，都会趋利避害。每个人都有自尊，都渴望得到别人的尊重，这些人性中最基本的需求，大家都是一样的。所以，不论对方的地位、角色有何不同，你只要遵循“己所不愿，勿施于人”的原则，就能走进别人的内心，以他的眼光看待问题，真正做到换位思考，有共情力，更有共情。

再者，就是设身处地为他人考虑。在没有利益冲突和纠纷的情况下，设身处地为他人考虑，是能够产生共情力的最好方法。

我们生活在这个世界上，是相互依附、互为依赖的角色和个体，没有人可以做到独身不与社会交往，还能很好地生活。因而，我们要懂得互惠互利，懂得为他人着想。因为自私自利的人，在长期的人际交往活动中，最终是要被他人排斥的。

比如一心求得贤名的八爷，他想得贤名，却只顾及自身小集团的利益，根本不顾及他人和国家的利益。虽然这种贤名可在一时让别人相信，却不能得到别人长期的信任和认同，这就是康熙不选他做继承人的原因。

懂得换位思考，有共情力也能共情的我们，要知道我们的共情力应趋利避害，而不是一味地体会别人的情绪，感受别人的情感。

显然，邬思道在这方面是高手。

邬思道让雍正极力推荐十四爷带兵，却在陕甘总督这个职位上下心思，因为他懂得，西北打的是粮草，只要争得这个位置，就能钳制住八爷的军权，不至于受制于人。

在生活中，我们也要懂得这个道理，最大限度地保护自己的利益不被伤害。当然，有了共情力的我们，也一定能顾及他人感受，最终实现双赢。要知道，这个世界上，只有大家赢，才是真的赢。

找到共同交集点，凸显你是“自己人”

美国著名的人际关系学大师戴尔·卡耐基说过：“所谓成功的沟通就是实现双方的同步。每个人都有他自己独特的差异性，所以要想在团体中更加融洽，那就要做到和别人一致。”这其实是告诉我们一个人际沟通的道理：寻找与沟通对象的共同交集点，才能更加凸显你是团队中的“自己人”。这也是沟通中我们最应该做的事情。

无论在日常生活还是工作中，与人沟通都是不可避免的事情。每个人在沟通时都会有想要被对方认同的欲望，所以一个非常有效的沟通方式就是在沟通的过程中，找到与沟通对象之间的共同点。你们的共同点越多，对方对你的认可度自然就越高，沟通中不必要的障碍就会越少，甚至对方还可能轻易地谅解你在沟通中那些不伤大雅的小错误。因为找到共同点就意味着对方很有可能已经把你拉近他的“阵营”，当成自己人来相处。

埃及的第二任总统纳赛尔，是埃及历史上最重要的领导人之一，他也是一个非常有个性的人。据说一次日本的一位议员来拜访他，当时埃及的外交政策是保持中立，所以纳赛尔对这位他并不喜欢的日本议员表现得比较冷淡。但这位日本议员并没有识相地离开，而是努力地寻找着与纳赛尔的共同点。

他首先想到纳赛尔曾经是一名军人，于是说："总统阁下，相对于这个称呼，我更想称呼您为上校，因为我曾经也是一名军人，跟英国人打过仗。"不过纳赛尔还是有些不为所动，仅仅是应付了几句。这位日本议员又接着说："我还读过您写的那本《革命哲学》，通过您的文字我发现您具有非凡的实力，您并非表面看起来这么严肃，实际上是非常幽默、风趣的人。"

纳赛尔这才高兴地回应道："啊，没想到你还读过我的书，要知道我写那本书用了整整三个月，我同意你的说法。我不仅对政治感兴趣，而且还有人情味。"

日本议员见他态度终于有了好转，明白自己已经成功拉近了与纳赛尔的距离，于是又加把劲地说："对呀！军人都很有人情味。虽然我会随身佩戴短刀，但只是为了保护自己。阿拉伯人为自由而战斗，这何尝不是为了保护自己呢，就像我挥起短刀一样"。

纳赛尔听他这么说，完全对他改观甚至连连夸赞起来："阁下说得很好，欢迎你以后每年都来埃及访问。"这时，议员才趁机谈起日本和埃及的关系与贸易，并愉快地与纳赛尔合影留念，顺利地完成出访埃及的任务。

所以，人和人之间的交流就是这样。如果你提出的话题正好是对方感兴趣的，那么对方才有可能与你沟通。要想找到对方面临的问题或者痛点，一定要通过有效的方法找到你们之间的共同点，与和对方相连接。在沟通的过程中，共同交集点并不能用重金去购买，它需要我们提前做好准备。那么，我们该如何寻找沟通过程中的共同点呢？老实说，这需要你从以下四个方面来寻找。

第一个方面，从外在因素来寻找。

我们知道，一个人的心理状态或是生活爱好，或多或少会体现在他们的外在因素上。什么是外在因素呢？像衣着服饰、动作表情、言谈举止等。只要我们留心观察，很快就可以发现你们之间在外在条件上的共同点。这不仅是找共同点非常快速的手段，也能够让对方对你的细致留下好印象，便于迅速拉近彼此的距离。

简单地说，外在的共同点会让对方觉得你认同他的穿衣审美、饮食习惯等，这对于陌生人来说是非常重要的。有了认同感，他才会愿意与你建立沟通关系，愿意进行深入的信息交换。

第二个方面，从心理感受上寻找。

有人说如果你想跟他人建立共同点，你要做的就是考虑对方的感受。如果你能成功地在情感层面与人建立连接，那么其他层面的联系自然少不了。所以，我们在任何一段人际关系中都要做善解人意的人，这样你才能真正被他人信赖。但要注意的是，从心理感受上寻找共鸣时，一定要注意分寸，不要越界窥探别人的个人隐私，更是不要碰对方敏感的话题。你要做的是从彼此间那些共同的经历以及对某些事物的看法感受上入手寻找。

英国著名的发明家查尔斯说过：“每个人的知道与理解是有很大区别的，你可以知道另外一个人的许多事情，但你不一定能理解他。”从心理感受上出发，就是让我们不仅只是停留在表面信息，而是真正理解对方。也许你知道一个人的很多信息，但必须知道他们内心想要的是什么，这才是超越大脑深入人们内心的途径。

只有在心理层面有了共同之处，对方紧绷的神经才能放松下来，让其更快地进入沟通的状态，而不是在你来我往的试探中耗费力气。只有真正了解眼前要沟通的人，你才能让彼此互相信任。

第三个方面，从感兴趣的话题中寻找。

自然界中，动物们往往喜欢和同类聚在一起，这是千百年来它们对自身安全的一种保障。所以在人际关系中，我们也喜欢与那些有着相同爱好的人在一起沟通。有人说，如果你在对方身上看到了相同的爱好，你百分百会对这个人有莫名的亲近感。这不仅让你们之间有了共同的话题，也有了共同关注的东西。人类的这点天性，就像大自然的动物，和相似的人聚在一起，你不自觉地就会感到亲切、安全。

一个人除了基本的生活和工作之外，我想他最愿意将时间花在自己的兴趣爱好上，所以共同的兴趣爱好好比识别自己人的钥匙，可打开双方沟通的心门，建立彼此之间的联系。

就像很多人沉迷于打游戏，如果你能从最新出的那款游戏机上开启你们的沟通，我想应该可以省力不少，对方会不自觉地会被你的话题吸引，从而顺利地消除彼此的隔阂和陌生感。

第四个方面，从共同目标中寻找。

从一些外在条件和感兴趣的话题开始你们的沟通，虽然能够快速让你增加与他人的互动，但我们如果想真正让对方打心底认可你是自己人，还得要有共同的目标。这也是打动对方最为关键的一步。

当两个人有着同样的目标，这样你们前进的步伐才会一致，有劲才会一起使，那么在亲密度上自然不同于普通朋友间的关系。试想，一个与你有着共同信念和愿景的人，就会很容易获得你的信任。因此，事业上的一致目标就是你与对方最大、最有效的共同点。

找到双方的共同交集点，我们才能真正成为对方的自己人。这也是我们进行讨论问题、分享想法、寻求解决办法等一系列沟通活动的基石。人们经常会把沟通当作仅仅向他人传递信息的过程，但事实并非如此，这种想法是大错特错的。找到有共同点的沟通实际上是一个身心交流的旅程，双方的共同点越多，他们一起踏上这个旅程的概率自然就越大！

第 4 章 〈〈〈

同频沟通，用关键对话提升吸引力

把握决定沟通成功与否的微表情

有人说："世上最难看透的便是人心！没错，有时我们连自己的内心都不太能够把握，更何况面对的是其他人呢？所以想要互相了解想法，唯有沟通。"这句话恰恰说明沟通的重要性。我们如果不把自己的想法和他人进行沟通交流，别人是很难揣测出你真正的想法的。当你觉得一个人喜欢你或者不喜欢你，你们之间能否愉快地沟通，这些都是沟通中常常遇到的困境。难道沟通就一定要用语言来表达，对方才能感受到吗？不是，更多的时候，人们靠的是双方的非语言表达来感知对方是否真的喜欢自己。这就是我们要和大家说的"微表情"心理学知识。

沟通的方式其实分为很多种，最直观的当然是用语言或者文字去表达。除此之外，我们的动作、表情和语调等也可以表达我们的心思。有人专门做过统计，在人们无意识选择的沟通方式中，表情占了一半以上。可见在沟通中，表情对于我们表达自身情感信息是非常重要的手段，甚至可以视作人类心理活动的晴雨表。在研究表情对沟通重要性的过程中，心理学家们还惊喜地发现了微表情的存在。

微表情是什么？它在沟通过程中扮演着怎样的角色呢？其实，微表情是表情的一种，这个新名词最早由美国心理学大师保罗·艾克曼于1969年提出来。机缘巧合之下，当时艾克曼和另一位心理学家弗里森受一位精神病学家的委托，试图研究一段录像。该录像的主角是一位平常表现得十分乐观的抑郁症患者，没想到她会微笑着撒谎来掩盖其自杀的意图。艾克曼要研究的是这位患者为什么会在回家后选择自杀，她看起来明明如此开心，这是大家百思不解的地方。通过反复观看影片，他发现患者决定要撒谎来达到回家的要求时,出现了一个稍纵即逝的微表情，这个微表情短暂地持续了1/25秒。正是这个极具痛苦的表情，表达了该患者内心真正想要自杀的想法。随后，艾克曼经过大量的深入研究，发现微表情是人们受到刺激后做出的第一反应，持续的时间很短暂，却能完全暴露人在那一刻最真实的内心。微表情的概念由此被提了出来。

微表情是心理应激后做出的自然反应。它从人类本能出发，不受大脑的控制，我们无法加以掩饰，也不能伪装。所以，在沟通过程中，如果我们能成功地把握住对方的微表情，也就意味着读懂了对方言语下的暗示。把握好能决定沟通成功与否的微表情，无论是在工作还是感情上都是很有帮助的。它不仅让我们学会察言观色，还能帮助我们提升自己的识人能力。

通过一个人面部的微表情，我们能够详细地解读这个人当时的情绪状态，即喜怒哀乐。言语或许可以仔细斟酌过后再说，微表情却很难掩饰其内心的真实想法。那么，如何识别他人脸上的微表情呢？哪几种微表情最为常见呢？

1.愉悦。愉悦的微表情自然代表着这次沟通十分顺利，让双方都能有满意的收获，所以愉悦的微表情自然是嘴角上扬，眼睛的肌肉也会不自觉地提起。这两处肌肉都有移动，说明这样的微表情是真正的愉悦，真心实意地从心里接纳了他人，表达了喜欢他人的心理。

比如，有些人总是说情人眼里出西施，眼睛是心灵的窗户，看一个人的眼睛就可以看出他有没有撒谎。正是因为眼睛的肌肉很难被控制，如果只是假笑的话，眼部的肌肉会十分僵硬。

2.愤怒。如果你在一个人的脸上看到他上下眼皮是紧绷的，视线也处于高度集中的状态，那么很遗憾，对方明显是愤怒的微表情。在愤怒的微表情中，眼睛很明显是在用力，因为怒火中烧让上下眼皮不自觉地紧绷，视线自然地盯住刺激源，并且鼻孔会明显扩张，整个嘴角呈现向下弯曲的状态，嘴部肌肉紧张，下颚凸出，给人一种盛气凌人的感觉。

3.悲伤。人在悲伤的时候，眼角周围会自然地呈现倒三角形，让人明显感觉到他的兴致不高。嘴角的肌肉也会下垂，眼眶里可能还会伴随眼泪。一般来说，悲伤是世界上公认的最难刻意假装的表情，毕竟连鱼悲伤的时候都会被知道。

4.厌恶。在沟通的过程中，如果对方的脸上出现眉毛挤向眉心、上眼睑和下眼睑的肌肉朝着彼此方向移动时，那么很有可能你已经被对方厌恶了。对方的上唇还会不自觉上扬，忍不住咬牙切齿，甚至连带鼻子周遭的脸颊皮肤都会皱起。那么，你百分之百在对方厌恶的心理状态下，这时最好的建议就是你们停止无谓的沟通，从他的眼前消失。

5.恐惧。在心理咨询的过程中，有人会倾诉说自己的人际关系很差，或者是有社交恐惧，究其原因往往解释说是自己的沟通能力或语言表达能力不够好，又或者是内心很自卑。这是很多性格内向或有自卑心理的人在社交过程中经常出现的一种心理状态。恐惧情绪伴随的微表情是：眉头间平坦，但上眼睑上扬，下眼睑却呈现紧张状。他的嘴唇十分僵硬，还会看到嘴巴和鼻孔微张、上下嘴唇微微抖动的情况。

6.轻蔑。在人与人交往的过程中，每个人都希望被他人认可和尊重，没有人希望被别人看轻，所以当你感受到别人对自己轻蔑的时候，沟通中就会容易产生消极的情绪。那么，轻蔑时候的微表情是什么样子呢？

轻蔑时微表情最显著的特征就是：人的嘴角一侧微微向上抬起，好像在做讥笑或得意，给人很不舒服的感受。这种表情往往表示对交往对象的不屑一顾。更有甚者，还会将眼睛向上翻，做成仰视状。

以上这些微表情，就是我们在沟通过程中常常会遇到的面部表情。明白了这些微表情的特性，很显然能够帮助我们更好地与他人沟通，让我们在社交过程里读懂对方的面部暗示。

通过对他人微表情的学习和识别，我们能够更好地觉察出沟通者的内心，在沟通时就能设身处地地理解他人，还能随机应变，大大提升沟通的成功率。只有把握住这些微表情下的真正想法，才能产生更好的沟通。相反,若是没能正确把握他人的微表情，就很有可能错误理解对方的意思，让你们的沟通产生不必要的误解，反而给沟通带来麻烦，导致人际关系紧张。

但是研究好微表情其实并不容易，想要每次都能把握微表情是有一定难度的。我们只有不断练习，接受极为专业的心理专家的指导，才能拥有这样的“读心术”。在一般的人际沟通中，我们不需要过分地解读和在意微表情，以免一些无意识的行为给他人传递不好的信息。把握好沟通中的微表情，是一个漫长又专业的过程。

从谈话中找出对方的兴趣所在

首先，我们要明白，谈话是沟通的方式，是一种能快速、有效传递正确信息的途径。

如果我们在谈话中只顾自说自话，根本不理会对方的表达和诉求，那么，这场谈话就是浪费时间的无效交往。如果我们在谈话中东拉西扯，根本找不出对方的兴趣所在，只是漫无目的地说一些可有可无的废话，那么，这场谈话也是没有意义的。

真正的高手，可以从谈话中找出对方的兴趣所在，继而把谈话锁定到同频状态，让对方在愉悦、轻松的氛围下彻底放下戒备，与之畅谈。

2001年开播的《鲁豫有约》，走到今年，已有二十余年。

二十多岁对于一个人来说，是正值青春的美好时光，但是对于一档节目，却是相当漫长的岁月。她很擅长找到被访对象的兴趣所在，从而得到许多独家信息。

就凭许多嘉宾数次上该节目，就可以看出他们还是相当认同该档节目的。一直很少接受访谈的孙红雷，就曾在这个节目上潸然泪下。从来不爱在公众面前抛头露面的朴树，素来以低调、寡言而闻名，上了《鲁豫有约》后，却打开话匣子，把内心独白第一次展现在一个访谈节目上。那句“没人把你忘掉，是你不带我们玩”，更是直击朴树内心最为脆弱和敏感的时光岁月，这句话是一缕春风，把朴树经历过的冬日寒意尽数吹尽。

从谈话中找出对方的兴趣所在，是把谈话进行下去的方式之一，是让对方坦诚相告的有效途径。只有这样，谈话才有深度，你才能获得更多有价值的信息。

什么是对方的兴趣所在？对方的兴趣可以分为三层。

第一层，是对方想说的话、想交流的信息。或许你对这些信息并不感兴趣，但是不妨让对方说出来，只有对方愿意交流，你才有机会得到想要的信息。

第二层，是对方感兴趣的话题或事件。如果我们能找出对方真正感兴趣的话题或事件，我们就找到了共同的话题，这有助于接近彼此间的情感，让以后的交往和沟通变得更容易、更顺畅。

第三层，是对方在意、或认为有价值的东西。它可能是你所售商品的价值点，也可能是你商业架构上的价值点。当你明白这个点在什么地方后，你就更容易掌握主动权，大大增加你们合作的可能性。当然，这也有利于你守住自己应得的利润点。

下面是如何找到对方兴趣所在的方法。

第一，做调研。你要在谈话之前尽可能地了解对方的个性和喜好、他的生活状态及家庭成员状况、做事风格和生活习惯等。这不是在探查隐私，其目的有两个：一是找到合适的话题打破你们之间的沉默；二是避免触及对方的红线。要知道，每个人都有不愿提及的话题，这些话题一旦被开启，聊死的结局将不能避免。

第二，选择一个相对宽松的氛围交谈，这很重要。比如，《鲁豫有约》会把访谈地点设置在受访者家里或是户外，在熟悉的环境里，人的情绪得到释缓，心情得到放松，话匣子才更容易被打开。

熟悉的环境更有利于双方找到谈话的点，一个茶杯，一把椅子，都有时光残存的记忆，那里有对方生活的过往，从这里我们很容易判断出对方的兴趣所在。

第三，把双方的情绪和话题控制在同频状态。请记住，只有两个人保持一致，你们才能进行深度交流，而不是你讲你的、他讲他的。

1.学会观察。你要学会观察和倾听，听听他在说什么，不要评判描述对方的行为，在没有真正了解对方的时候，千万不要做任何评价，只要听就够了。

记住，一旦别人对你产生抵触，你们之间再也无法同频交流了，你将什么也得不到，除了客套的寒暄。

2.你可以适当暴露自己的弱点和过往。心理学家认为，适当暴露自己的弱点和过往生活的小故事，会让对方觉得你更真诚、不虚假，进而对你产生亲近感。他会觉得，原来你也是有弱点的，如果不小心说出自己的弱点，也没有关系，大家都是一样的。当然，这要适度，没有分寸的袒露，只能引起别人的反感和抵触。其实，示弱是一种增加个人吸引力的方法，这点我们在后面会展开细说。

人和人在情感上总有相通之处，如果你愿意适当袒露自己的生活，那么，对方很容易从你的生活中找到与之相通的共同之处。这样一来，对方才能与你建立更为紧密的关系，愿意和你就同一话题交谈下去。

3.学会利用非语言信息的表述。非言语信息包括语气、眼神、表情、肢体语言等。有时候，你不用说话，适当的沉默、期许的眼神、鼓励的微笑则更具力量。因为这些表情和动作是一个强有力的信号，证明你在听对方讲话，你在意他的讲话，跟他处于同频状态。你没有敷衍，没有心不在焉，这样的肢体语言和表情是善意且积极的信号传递，千万不要小视。

第四，保持衔接。保持衔接，不要冷场，也不要将话题带偏。

时刻记住你们谈话的目的，是有用信息的交流。在这个过程中，你需要得到对你有用的信息，也需要清楚表达你的观点，只有这样的谈话才是有意义的。如果你们不能保持良性衔接，很容易跑偏话题，净聊些没有用的，你也很难将话题引向更深的层次。

第五，提问。不要害怕提问，当氛围良好、双方能彼此坦诚时，你可以大胆提问。提问要尽量简洁、明了、果断。它会让对方感受到你对他的重视，也会很乐意与你分享他的兴趣所在，告诉你他真正心仪的东西是什么。

让对方被你主动吸引的提问法

在一次记者招待会上，香港凤凰卫视的吴小莉多次举手想要获得提问的机会，都未能如愿。就在此时，一位非常喜欢吴小莉节目的负责人主动点名吴小莉，让她提问。

一时间，所有人的目光都投聚在吴小莉身上。她拿起话筒，从容、淡定地提出自己的问题。这次被吴小莉称为“美丽的职业互动”的提问，让吴小莉迅速成名。

多年以后，当吴小莉接受采访，谈及当年被点名提问时说，因为害怕其他记者与她提出相同的问题，她准备了七八个，并把这些问题一一罗列下来。她说一个好问题的诞生是有难度的，你必须要做很多案头工作，让你的问题兼备新闻敏感度的同时，又容易被对方接受，是对方想要回答的。

细观吴小莉主持的节目，你不难发现，她的节目兼具温度、广度和深度，加之她知性的主持风格，很难不让人喜欢。

从这个案例可以看出，一个人如果能专注某一领域，并在从事领域中做出卓越成绩，那么我们就很容易吸引对方的注意力，让对方乐意与之交流。

当然，在访谈与交流之前，做好案头工作，把你想要提出的问题进行罗列和整理也很重要。心中有数，方能从容不迫。

那么，对于普通人说，除了以上两点可以借鉴外，我们还需要从哪里着手，得到对方的认可，从而吸引对方的注意力，让交谈更顺畅呢？

第一，从形象和态度上体现自己对对方的尊重。

1.去拜访对方时须穿着得体，仪容整洁。这是表示尊重最为直观的体现，比你说一百句客套话都管用。

当对方从心里感受到你对他的尊重后，他也会给予你相应的尊重，对于你的提问，他会用心去听。

2.态度真诚。不要用居高临下的态度来提问，也不要自作聪明，隐藏你想要的答案，故意绕圈子，更不要试图用欺骗的方法获得你想要的答案。这只会让人反感，拒你于千里之外，想尽一切办法，逃避你的问题。

你的真诚会让对方打消抵触，他也会渐渐进入真诚的状态。只有在这个时候，他才会坦白内心。当我们彼此的心境能达成一致时，交谈会变得更容易，专注力也会更好，对方更容易被你吸引。

3.我们需要照顾对方的情绪，学会铺垫，不要在一见面时就进入正题。我们可以和对方进行简单的寒暄和问候后再进入正题。当对方感觉自己处在被尊重、被关注的和谐氛围中时，他更乐意与你配合，被你吸引。

第二，梳理好问题，进行有层次的、渐入式的提问。

1.我们需要先抛出一个较简单的问题，即使这个问题我们已经有了答案，那也没有关系。当对方很快回答了你的问题后，他会从内心升出一种满足感，人对于满足感的获取是有欲望的。此时你再提出下面的问题，他会很快被你吸引，因为他想再次完美地回答你的问题，得到你的认同和赞许。

2.渐入式提问，也有助于探查对方的诚实态度和学识水平。这些信息有助于我们调整提问的方式，不至于冷场。

3.把提问的权利交给对方。你可以问问对方还有什么想说的。这种交还主动权的方式，会让对方兴奋起来，他会被你的这种方式所吸引，说出更多你想知道的。这些问题，可能很多是你没有考虑到的，对于我们来说，是一次意外的收获。

第三，借助外力。

1.在生活中，如果你直接找一个人，往往需要相当长的沟通时间，他还不一定马上完全信任你。如果你能借助外力，找到对方的领导、朋友或是亲人介绍你们认识，他就会被你的问题所吸引。他会特别乐于配合，关注你的问题所在，集中精力、专心致志地与你交谈，也会在你还没有提问时就被你吸引。

2.找一个同伴与你一起提问。通俗点讲，两个人更容易打配合，比如你说，同伴用笔记，会让对方感到他对你们十分重要，你们十分看重他。另外，如果同伴能对你进行适当赞美，也会吸引对方的注意力，他会想你的问题一定有过人之处，要不然怎么会得到别人的认同。

第四，把同一个问题用不同的方式重复提一次。

这样做能很好地引起对方的注意，他会觉得这个问题很重要，要不然你不可能再次重复。

当然，当他再次听到这个问题用不同的语言表述出来后，也有利于他从另一角度思考。这样一来，他或许能有新的突破，让你得到意想不到的收获。

第五，也是最重要的一条，就是出其不意。

你可以试试这样的方式，当你提完所有问题准备离开时，就在你打开门的那一瞬间，你转过头说“对不起，我有些事忘记问了”，由于此时对方觉得你们的沟通已经完全结束，他很容易进入放松的状态，人在放松的时候更容易说出内心深处的想法，因为这些话是他凭借直觉说出来的，没有雕饰。很多时候，人随口说出的答案，往往是你久久想而得不到的答案。

当然，我们不能紧逼对方，一直追着不放。适度停下来，等到合适的机会再问，不失为一个好办法。因为人们的好奇心永远不能随着年龄消除，每个人都想探知到自己不知道的隐蔽所在。我们也不能一次问太多问题，这会让人觉得你很不知足，从而产生抗拒心理。

如果对方被你的问题吸引，你将很容易得到你想要的答案。如果你的提问能将对方吸引，那么，对方将与你保持一致，他将积极配合，很快进入正题，给出你所有想要的答案。

不妨试试上面的方法，或许你会有惊喜噢。

把握主动，也要懂得让对方当主角

在和别人沟通的时候，你有没有遇到过这样的情况：你一个劲地喋喋不休，对方却无动于衷，虽然他的脸上挂着礼貌的微笑，但目光却在游离，你也不知道他到底在听还是没有听你讲话。虽然这时候你掌握着沟通的主动权，总想尽可能把事情交代清楚，所以不知不觉就讲了很多，但对方反而听得不耐烦、走神了。因此在沟通中，我们不能只想着把控对话的主动权，也要懂得让对方当沟通中的主角，不然很难达到良好沟通的目的。

在人与人交往的过程中，只有相互尊重才能让彼此的沟通顺利进行下去。这是沟通交流的前提条件。如果你只是一味地压制对方的表达，强迫对方听从你的观点，那么对方不仅不会顺从，还会对你产生严重的敌对情绪，从而失去对你的信赖，你们之间根本不能搭建起沟通的关系。相反，如果你能在把握主动的情况下时不时地让对方做对话的主角，那么必然能极大地满足对方的自尊心和满足感，让沟通交流的双方都能够满意。应该怎么做到这一点呢？我们今天所要探讨的就是普通人如何在人际沟通中既把握自己的主动权，又能懂得让对方开心当主角的方法。可以从以下几个方面努力达成这样良性的沟通。

第一方面，审时度势，及时修改“剧本”。

在与他人交往时，只有真诚地尊敬对方，你们的交际活动才能顺利进行，你们的关系才有可能长久地维持下去。如果任何一方总是想方设法地压制对方的发展，强迫对方必须服从自己的意愿，这样的关系显然是不健康的。不管是谁，用不了多久都会对你产生敌对情绪，不愿与你深入交往下去。因此，在每一段交际中，我们都应该努力让对方感受到自己的诚意，学会审时度势，让对方觉得交际的主角是他，这才是把握一段关系主动权的明智之举。

具体该怎么做呢？首先，我们要试着根据不同的环境及时留意对方的反应，尽力使对方的心情感到舒畅。其次，要想让对方在沟通中成为主角，我们还要提前做好功课，了解他人的喜好和个性，这样才能在交际过程中提前为其设定好沟通的“剧本”，将话题尽量引导到对方感兴趣的点上。最后，要针对有可能出现的问题及时为对方修改好主角的“剧本”。这样说并不是完全没有自己的姿态，而是为了让对方更加随性地与你相处。我们只有针对沟通中的问题设想出自己应做的调整，才能真正做到审时度势，不断改善，让对方成为对话中的主角。

就好像电视上的人物访谈节目，主持人的话题肯定要时刻围绕着访谈的“主角”，也要会根据“主角”的回答随机应变，这样对话才会顺利进行，节目也才会更精彩。就像鲁豫访谈刘德华时就做了大量的准备工作，所以刘德华在节目中说了很多自己真实的想法，包括他从未在其他节目上说过的话题——转变为一个丈夫、一位父亲后的感悟。可见，鲁豫在与他沟通时，肯定是下了很多功夫让刘德华放松下来，真正把自己当成这场对话的主角。

第二方面，多用先扬后抑的说话技巧。

任何沟通，如果只是一味地批评，很容易激起他人的不满情绪。所以，如果我们想要放手让对方成为主角，就该把批评的话语替换成先扬后抑的提议，这样更容易让人接受，也更有利于你们接下去的沟通。浙江传媒学院有一位非常“有名”的播音系老师，她之所以有名，是因为她指导学生时的说话技巧。每当她要给学生点评作业时，她都会先把话语权还给学生，让学生先说说自己的想法，接着会从作业做得好的地方开始指导，培养出与学生之间的信任之后，再把作业中出现的错误用提问的方式说出来。这样一番沟通之后，学生不仅知道了作业当中的不足，更觉得自己受到了老师的表扬和鼓励。你看，语句的一个小小转换，不仅能让他人更容易接受你的建议，更是让对方觉得自己是被重视的一方。

就好比卖鞋的售货员，在把顾客的脚放进合适的鞋子之前，可以先夸夸顾客的脚或是顾客的审美等，这样由赞美开始的对话一定会让人如沐春风，才是真正的沟通。只有学会先扬后抑的说话技巧，你也才会发现，和他人建立深度联结的前提，一定是让对方成为主角，而不是一味地强迫他接受你的观点。

第三方面，沟通时注重倾听并理解，做好恰当的回应。

有时候，仅理解对方的意图可能还不够，大多数心理学家认为，改变别人的认知一般是在我们倾听并理解的过程中。所以在沟通过程中，我们一定要及时留意对方的反应并做出相应的回应。只有这样，对方才能真正觉得自己是话题的主角，如果没有回应，任由别人在那一个劲地喋喋不休，这并不是良好的沟通。

要知道，只会倾听还不够，那些能够在不同沟通情境中做出恰当回应的人，不仅需要很强的共情能力，还需要对事物有足够的了解和认知，这样才能做到随机应变。因为在不同的场合中，优秀的沟通者不仅要考虑自己的想法，还能够考虑对方在沟通中可能存在的其他想法，从而做好反应预案。同时，能够敏感地觉察到对方的情绪和感受，才能把握自己与对方的关系和回应的分寸，从而做出适当的回应。这其实就是沟通中高情商的表现。

就像俞伯牙和钟子期，如果只有伯牙一味地弹奏，没有子期听音辨意的回应，那和对牛弹琴没有差别，伯牙即使有再高的琴艺，也不会有人懂得欣赏。只有把沟通建立在相互理解、有所回应的基础上，才能真正让对方成为对话中的主角，成就一段真正的友谊。

总之，想要成为善于沟通的人，我们不仅要成为沟通的主人，还要让对方宾至如归，需要了解的沟通方式远比实际操作来得复杂。因为它不仅要“说”，还要“听”，有时倾听比表达更重要，所以沟通并不是单纯地达成目标而已。

沟通双方必须是和谐相处的，不然你说得再心潮澎湃，对方心里却只想着：关我什么事？这显然不符合沟通中的共情力和认知程度的要求。只有相互理解，才能帮助我们更好地倾听和理解对方。因此，我们需要在日常生活中不断地与人沟通，练习上面的技巧，毕竟人人都是沟通中的主角，但不会实时都是，我们要做的就是随机改变自己在沟通中的定位。

学会说“我们”，你就能吸引任何人

不知道你有没有观察过小孩子说话，他们不管是在聊天还是做游戏，都喜欢说“我的”“我要”等这些以“我”字开头的话语。这些童言童语的背后，其实是以自我为中心、自我意识强烈的一种表现，这样的表达在小孩子的世界里或许无关紧要，但若是我们大人在人际交往中也这么做的话，必然会惹得别人讨厌。因为自我意识太强的人通常会给其他人留下自私自利的坏印象，他的话语只顾围着自己的事情打转，根本没有考虑别人的感受，所以这么强烈的自我意识肯定会让这个人的人际关系也颇受影响。

再说，中国自古以来就是一个传统文化深厚的国家，五千年来，中国人都葆有内敛谦逊的个性，这种天生的内敛也成为我们判断事物基本价值的一部分。如果在交往时一个人过分高调，老是爱强调“我”如何能干，什么事都抢风头似的去做，那么其他人肯定会不高兴，你说得越多，他们反而不会觉得“你”这样的人能力出色，还会有些反感“你”的张扬。还有在团队中，有些人喜欢把什么事都揽到自己头上，一开口就是“我来”“我能”，这个人很可能就要倒霉了，除非你是团队中的头号人物，否则团队里的其他人不会喜欢“你”这样的“另类”。

要知道，每个人的心理都是很奇妙的，大多数人会因为说话者的态度和语言对同样的事情抱有不同的看法。因为说话者的态度不同，给人的感觉也会完全不同，如果你表现得亲切热情，把对方时刻当作自己人，常把“我们”挂在嘴边来沟通，对方也很容易跟你亲近起来。但如果你是生硬疏离的态度，对方肯定也是如此，自然就怪不了别人“对人不对事”了。所以在沟通中，我们应该善用“我们”来制造彼此间的共同意识，这对促进我们的人际关系将有很大的帮助，甚至能让你成为人群中的“万人迷”。

有位研究人际关系的心理专家做过这样一项有趣的实验：他让同一个人分别扮演专制型、放任型和民主型三种不同角色的人物去与他人沟通，然后调查他人对这三类人的整体感受。

结果发现，采用民主型交流方式的人物性格给他人的印象最好，因为民主型的人物角色充分关注到了对方的感受，他在与他人沟通时，使用“我们”这个名词的次数是最多的，这无疑让双方的团结意识最为强烈。就像我们在听他人演讲时，演讲者在台上天花乱坠地说“我认为……我觉得……”，带给我们的感受肯定不如他采用“我们……”的说法，它更能引起听者的共鸣。因为采用“我们”的这种说法，可以让人产生强烈的团结意识，不仅是把立场转变成和他人共同的立场，还让双方的距离不断拉近。所以，在构建良好的人际交往中学会说“我们”，比你想象的还要重要。

为什么这么说呢？因为在人际交往中，“我”字讲得太多很容易给别人留下过分强调“自己”的刻板印象，给人一种你很突出自我、标榜自我的看法。这在人际交往中，无疑是在对方与你之间无形地筑起一堵高墙，拉起一道防线。学会把“我”改成“我们”给别人的观感就完全不同，它强调的是你们是一个共同体，这肯定会加快别人对你的认同。因此，在人与人的交往中，一定要少说“我”，多强调“我们”。那么，如何在实际沟通中多用“我们”来吸引别人的注意力呢？

首先，此刻开始心理上先做到“我们”。如果一个人能打心底认同自己与沟通的人就是一个整体，那么在开口说话之前，他自然会用“我们”来代替“我”这样的表达。因为只有由心出发的沟通，才能真正打动别人，得到别人的信赖。即使你没有说出“我们”，只要你心里做到了和别人在同一频率，那么对方自然会认同你，真正信赖你嘴巴里的“我们”。

廉颇负荆请罪的故事相信大家都听说过。大将军廉颇因为不满蔺相如动动嘴皮子就比自己的地位高，于是到处说蔺相如的坏话，还放话说与蔺相如势不两立，碰到了就要给蔺相如点颜色瞧瞧。没想到，蔺相如听说了不但没有与廉颇计较，还处处躲让廉颇。蔺相如的随从见了很是不解，难道蔺相如是真的害怕廉颇吗？蔺相如解释道："我和廉颇将军都是赵国的人才，有我们在，秦国才不敢来犯，若是我俩不和，非要分出个你我高低，不能齐心的话，秦国必定会趁机来犯。所以，我不是害怕廉颇，只是觉得我们都是为了保卫赵国罢了。"廉颇听说后，悔恨不已，于是背上荆条到蔺相如家去请罪。

你看，正因为蔺相如打心里就觉得和廉颇是一个整体，强调与廉颇是"两人一起保卫赵国"，大大缩短了他和廉颇的心理距离，所以也避免了不必要的纠纷，让彼此之间的感情有了沟通和交流。

其次，说话时多用"我们"开头。这同样是告诉你，说话之前就要站在双方共同的立场上沟通，不然很容易陷入自我阐述里。如果你一开始说话就运用"我们"，那么之后的观点强调的必然就是"你们"共同的利益。特别是在大型的会议或是演讲中，这能从一开始就照顾到大部分听众的情绪，效果自然会比你用"我"字开头要好得多。

再次，非得用"我"字时，也需要用平缓的语调去淡化。在任何沟通里，我们不可能完全避免不讲到"我"，所以这种时候你要做的就是尽量把语气放平淡，不要把"我"字读成重音，也不拖长语音，尽可能地把这个字弱化。同时，还要做到目光不要逼人，表情尽量不要眉飞色舞，神态更不能得意扬扬，你要把表述的重点放在阐述事件的客观性上，总之就是不要突出"我"的部分，以免使听的人觉得你自认为高人一等，觉得你在吹嘘自己。

最后，每说一段话，都问问对方的意见。既然你在强调“我们”，那么言行上也要做到一致，时刻观察对方的反应，看看对方是否跟上了你的步伐。不然你的“我们”还只是停留在你说他听的形式之上，没有真正吸引到对方与你同步。提问正好可以考验你们是否已经站在同一阵营，如果还没有，你可以立马修正，转变说话的内容，说些你们都感兴趣的话题。

都说人类最原始的天性就是渴求被他人重视，那么学会说“我们”就是一种很好的尝试，因为想吸引别人，得到别人的关注，前提是和他人在同一立场上。学会了说“我们”，其实就是让听者心里高兴地认为他得到了你的重视。所以多说“我们”，会让一个人与别人的距离感越来越小，从而越来越受大家的欢迎。

在沟通中，学会说“我们”，既顾好了他人的情绪，又能让自己想要表达的内容被别人接受，这样才能让你们的沟通长久顺利地发展下去，不会给人一种一时之交的感觉。

有时候“示弱”，反而能增强你的吸引力

从古至今，为人处世的学问都很重要。“世事洞明皆学问，人情练达即文章。”这句话就深刻地凝练出人情世故的精华所在。初入社会的幼芽们，经常都会听到长辈们的一句话：“学做事之前要先学会做人。”用洋气一点的词语来说，就是提高你的情商。在人际交往的过程中，有一个重要的技巧往往不为人重视，那就是示弱。适当的情况下向对方示弱，反而对自己更有利。

在不同的人际情境中，示弱有不同的含义，但多数是两种情况：一是向对方承认自己的弱点/不足等；二是退让，不争不抢。不管是哪一种情况，其中都有一个共同的特征，就是承认对方是强者/胜者。示弱听起来不像是正面的词语，那为何说示弱是提升情商的技巧呢？

借用历史上的经典故事或许会让你对示弱含义的理解更加清晰。退避三舍，这个成语来自春秋时期晋文公的一段经

历。当年晋文公为了躲避晋献公的杀害，在异国他乡流亡多年。在他一身狼狈地来到楚国的时候，楚王设宴招待，并与晋文公相谈甚欢。当楚王问起晋文公要怎么回报自己的时候，晋文公深深地摆低身子，说道："晋国不如楚国富庶，奇珍异宝楚王您多得是，晋国也不如楚国兵强马壮，恐怕没有什么能够让楚王您看得上的。"楚王不依不饶，定要晋文公给个表示。晋文公想了想说："他日如果您我兵戎相见，我方必定退避三舍（即九十里，古代一舍为一里）。"楚王听了大笑起来，心底十分不以为然，但同时也对晋文公落下不具有威胁性的印象。他给予晋文公不少帮助，目的是赢得一个帮助弱者的好名声。

多年后，晋文公果然回到晋国还当上了国君。楚晋两国分久必合，合久必分，无法避免地在战场上相遇。晋文公信守诺言，命令晋军主动退让了九十里。

类似的历史典故还有很多，如耳熟能详的越王勾践卧薪尝胆等，从中我们可以发现，在人际交往中必定会存在许多博弈的时刻，在博弈的当下我们可以适当退让，没有必要立马武装起自己。虽然此刻示弱的我们看起来是"输了"，但时间可以证明我们也可以当胜利者。如果当时的晋文公没有在楚王面前示弱，楚王也不会帮助晋文公，让他有机会东山再起重返晋国；如果晋文公没有退让三舍，晋军恐怕也很难赢得胜利。

示弱是一种大智若愚的处世智慧，是一种对处世之道的心态把握，在人际交往中实则更像一种表演。学会示弱，在与他人交往的时候，反而能增强自己的吸引力。

为什么这么说呢？美国心理学家经过多年的研究证实：当你在群体中表现得比别人更突出、更优秀的时候，你身边的人更容易感到焦虑和紧张；相反，如果你能在群体中做到低调，谦虚一些，多夸赞身边的朋友、同事，让他们感觉到自己很重要，他们就会对你好感倍增，自然能提升你在人际交往中的吸引力了。

但是示弱也看要时机、有分寸。示弱不是谄媚或者讨好，虽然有可能它们的目的是一样的，但后两者掺杂有卑微心理，通常会适得其反，明眼人甚至会瞧不起你。适当地示弱，是一种润滑剂，可以缓解一些针锋相对的气氛；也是一种催化剂，可以给别人催生成就感和满足感。你向一个人示弱，是一种谦和的退让、一种包容，另一方面来说，示弱也是一种以柔克刚的方式，能让对方放松而自己乘虚而入。

示弱是一种温柔的力量。在各种各样的人际关系中，强势的一方通常喜欢占据主导的地位。随着阅历渐深，我们终究会发现，过于强势或者喜欢争强好胜的性格，也许能占据一时的上风，但未必能赢得人心。

有些人在人际关系中处处碰壁，也许正是因为他们从来不肯认输。示弱不是真的弱小，逞强也不是真的强大。一个有能力的人懂得示弱，他必定是一个温柔的人。

当年才二十多岁的沈从文第一次站上大学讲台，面对一大群年纪相仿的学生，他紧张得说不出话来。因为紧张过度，他把自己准备的课件用超快的语速讲完，全程不到十分钟。学生们看到这种情况，在讲台底下对这个新来的年轻教师议论纷纷。沈从文这时候定了定神，在黑板上写下了一句话："今天是我第一次上课，人很多，我害怕了。"

学生一看，顿时释怀并且纷纷笑出声，对着这个坦诚自己不足的年轻教师，内心瞬间变得柔软了，于是回报以热烈的掌声表示鼓励。沈从文主动向学生示弱，没有端着师长的姿态逞强要面子，这让他不仅给了自己一个台阶，同时也挽回了他在学生心中的形象。

为什么沈从文的示弱能赢得掌声呢？根据进化心理学的观点，同情心和同理心是人类的本能。几百万年来，在人类与自然、与其他生物共处的过程中，协同合作、互通有无、群居生活逐渐形成了一种共性和认同。这种认同已经深深地印刻在人类的基因当中，看到同类处于弱势的时候会想要帮忙，看到自己欣赏的人碰上挫折或者难关不顺时总想安慰对方，提供依靠。

人是具有社会性的动物，在一起相处难免会有互相的比较。示弱不是妥协，而是理智的忍让。每个人在人生道路上都有着自己的进度和节奏，不必张牙舞爪地争抢，适当地示弱就能与世界温柔相处，与他人远近相安。

第 5 章 ‹‹‹

深度建交，让你的吸引力充分达阵

送给朋友一个美丽的意外之喜

当代社会，每个人在成长道路上都会收获到一批与自己很投缘的朋友，他们和我们有着共同的话题、共同的态度甚至共同的审美和追求。所以，我们与他们在一起时可以畅所欲言，得到独属于友情的快乐。朋友在我们的生命中始终占据着重要的地位，所以在维持友情活力的过程中，我们往往不遗余力，而送给朋友一个美丽的意外之喜是其中的绝对大招。

所谓美丽的意外之喜，简单来说就是惊喜，惊喜本身和其他快乐就有很大的区别。惊喜的出现是在人们的意料之外的，就像我们想要了很久的东西或者想见的某个人突然出现在自己眼前。这种惊讶和欣喜可以直接激发人们内心深处的情绪波动，给人们以发自内心的开心，俗话说的喜极而泣就是这个情况。由此可以看出送给朋友一个意外之喜的意义和作用必然是十分巨大的。具体来讲，有以下几个方面的表现。

首先，给朋友一个惊喜可以促进彼此之间的感情，让友谊的保质期更久更长。每个人都是有自己的学习、工作等，它们占据生活的主要部分，所以我们不能随时随地都与朋友待在一起，如果长久地不聊天、不交流，难免会觉得友情变得越发稀薄。为了避免这种情况，一个惊喜就成为必要条件之一。试想，如果我们想要与很久没有见面的朋友快速自然地摆脱初见的尴尬，最好的方式就是投其所好，先给他一个惊喜，然后再就此展开对话，对于彼此之间的感情来说就是很好的催化剂。

其次，这样做还可以向朋友展现自己对这段友情的重视和在意，给他的生活带去调节剂。俗话说得好，生活要有仪式感，适当的惊喜就是在彰显自己对于朋友的在意。

比如说，我们经常看到一种情况，那就是一个女孩要过生日了，她的朋友们都假装忘记这件事，展现在女孩儿面前的状态就是她们没有任何准备，女孩多次试探无果之后只好失望地接受了自己的生日被忘记的事实。然后生日当天，女孩原本打算就和平常一样随便过，结果走到家门口，发现朋友们都聚集在一起，手里提着蛋糕和各种礼物，一看见她就围上来对她说"生日快乐"。女孩当即就绷不住了，眼泪哗哗地流。

这种情况就是典型的给朋友一个惊喜，足够意外，也足够美丽，足以让人铭记终生，后面回想起来都是满满的快乐和幸福。所以，我们对于朋友的在意程度有多深厚，并不一定要用各种各样优美的词汇来证明，有时候一个小小的惊喜就可以充分地展现出来。

最后，美丽的意外之喜为我们的感情增添一次美好的回忆，温暖着我们的人生道路。不管是准备惊喜的我们，还是收到惊喜的我们，一定在那个过程或者瞬间将这份礼物铭记在心里最深处，就像蚌壳又孕育出一个圆润饱满的珍珠，不管在什么时候被发掘出来都是那么令人喜爱。

英国著名室内设计师大卫·希克斯和妻子帕梅拉曾经就突然在一个很平常的日子里收到了来自法国巧克力生产制造大亨盖斯顿的一封信。信中先是表达了对于他们夫妇的思念，随即表示希望他们来一趟法国，自己有一件东西，他们一定非常喜欢。大卫和妻子读完信，按捺不住内心的好奇，很快便动身去了巴黎。来到盖斯顿的家里，盖斯顿一见两人非常开心，热情招待之后拿出一幅古典的水彩画，寻常人看见这幅画并不觉得有什么，但是帕梅拉一见这幅画非常惊喜，原来这幅画的作者是她的姨婆，也就是俄国末代贵族亚历山大费奥多罗夫娜。来自亲人的作品让本就喜欢绘画以及收藏古玩的夫妻二人皆是非常开心。

大卫·希克斯后来在回忆录中写到这件事时，他表示在后来的日子里只要一看见这幅画，他和妻子就会感到心情非常愉悦，他们也一直非常珍惜这幅画，不仅是出于对收藏品的喜爱，更是因为它承载着自己当时收到它时的开心和激动。对于盖斯顿的赠予，他们同样非常感激与难忘。

这样一个小惊喜或者小礼物就能起到如此大的作用，其背后承载着的来自朋友的关心和在意是根本所在。当然，在赠送意外之喜的时候也是有讲究的，怎么送，送什么能达到惊喜的目标，都需要仔细考虑。总的来说，想要让朋友在收到的一瞬间就感到惊喜而不是惊吓，需要综合考虑其兴趣爱好以及送出礼物的方式、时间等，最大限度地展现自己对于朋友的重视以及在意，这样才能达到促使感情升温的目标。

送给朋友一份意外之喜是我们在一段长久的亲密关系中不可缺少的过程，也是让友情快速升温和长期稳定的重要方式。虽然在准备惊喜的过程中可能会很烦琐，但是对于人际交往来说，一份意外之喜的意义远远大于其本身所含的物质价值，若干年后，这样的一份意外之喜将会成为我们美好的回忆，带来的是整个人生过程中都可以随时取用的快乐。

对困厄者施以心理鼓励和行动支持

行走在人世间，我们每天都会面对很多事情，而处理的过程中难免会遇到各种各样的困难。这些困难就像一只只拦路虎，影响着每个人的心情。所以在生活中，我们经常见到被困难带来的低气压缠绕着的人们，即所谓的困厄者。我们都会见到困厄者，自己也有可能成为其中的一员，因此在对待困厄者的态度上，我们需要做到对他们施以力所能及的心理鼓励和行动支持，帮助每一个困厄者渡过难关。

俗话说得好，“赠人玫瑰，手有余香”。我们把自己手里的玫瑰赠送给需要它的人，给他们的生活增添一抹光彩，并不是说我们就失去了这朵玫瑰。相反，我们反而让这朵玫瑰被更多的人欣赏以及拥有，它存在于这个世界上的价值就更加突出。我们都会遇到困境，处于困境时总会感到焦躁不安，生活中仿佛不带一丝阳光般黯淡，这时候如果遇到一个人愿意向我们伸出援手，我们一定会有发自内心的欣慰和感动。

向他人伸出援手的故事从古至今有很多，其中一则非常有名，那就是王羲之助人卖扇。王羲之是我国东晋时期最有名的书法家之一，其字迹流传至今被后人争相模仿传阅，对我国书法发展有着举足轻重的意义。但是王羲之除了书法造诣甚高之外，其为人良善、乐于助人的形象同样令人非常钦佩。

话说东晋时期文人墨客甚多，世上之人皆以舞文弄墨为雅，所以文化产业和贩卖字画周边的小摊可以说随处可见。当时，王羲之的名声已经是天下皆知，许多人梦想着能拥有他的墨宝，哪怕只是一个字也好，但是王羲之从来不肯轻易为别人写字，所以众人只能是可望而不可得。

一天，王羲之在街上慢悠悠地闲逛，看见一位老妇人正提着一篮子竹扇沿街叫卖。那老妇人面容沧桑，身上所穿的衣服已经洗得发白，可见家里的经济条件十分不好。老妇人颤颤巍巍地走在街上，逢人便极力推荐自己的竹扇，可过往的人看着她，纷纷冷漠拒绝，甚至连脚步都未停下来半分。老妇人在街上走了半天，一把扇子都未曾卖出去，整个人显得越发无奈和苦涩。王羲之见老妇人实在可怜，恻隐之心大动，走上前对老妇人说；“我可以帮你在每一把扇子上题几个字，然后你可以对所有人说你扇子上的字都是王羲之写的，这样你不仅可以把扇子卖出去，还可以赚到更多的钱。”老妇人开始还不相信，王羲之笑笑，自顾自地找来笔墨，很快就在每把扇子上写了几个字。老妇人见他字写得确实很漂亮，便开始向过路的人推荐自己扇子上的每个字都是王羲之写的，想要买得赶快了。

果不其然，这话一出，过路的人纷纷围上来，没有多久扇子就被抢购一空，甚至还有一些人听到消息后专程从家里赶过来，不惜高价也要买一把扇子回去。老妇人看着自己的竹扇转瞬间就变成钱币，想到家里空空如也的米缸终于可以被填满，不由得热泪盈眶。等回头想再找王羲之表达自己的感激之情时，发现王羲之早就已经走远了。

王羲之作为一个名人，却常怀一颗良善的心，看见老妇人陷于困境便伸出援手，这样及时的帮助在王羲之心中可能是一件再正常不过的事情，他看见了别人的苦难，觉得自己有能力帮一把，所以就去帮忙了。

但是站在老妇人的角度上看，你会发现王羲之对她的帮助是很有意义的，因为王羲之的行为给老妇人带来的除了金钱这样可以看得见摸得着的好处外，更重要的是发自内心的温暖和感动。本来无钱买米的老人为了一家人的生计不得不熬几个通宵做了一篮子竹扇，只想换点钱回去可以吃上一口饭，如果王羲之不帮她，她的竹扇很有可能会一把都卖不出去，然后满怀失望地回家继续面对空荡荡的锅碗发愁。但有了王羲之的帮助，她就感觉自己的付出也没有白费，感觉日子就算再苦再难，总是有着温暖和阳光存在。就算等到一段时间之后，这位老人再想起这件事，也会由衷地感到幸福。

帮助别人，也是在帮助自己，心理上的鼓励和行动上的支持总是联系在一起的。如果你确定了要伸出援手，就一定要在自己的能力范围内做到最好，将自己的善意最大限度地释放出去。总的来说，向困厄者提供心理安慰和行为支持对于双方来说都是一种价值的实现，帮助弱势群体可以帮助他们渡过难关，也可以得到个人意义上的满足，展现出我们生活在这个世界上最想见到的真善美。除此之外，帮助别人也是一种正能量的反馈，这份正能量先由被别人帮助反馈到自己，再由自己主动帮助别人重新反馈给社会，在这样的过程中逐渐传递，生生不息。生活很苦，但是也很精彩，它带来的压迫只会难倒我们一时，只要我们常怀良善之心，真心待人，乐善好施，就可以为生活注入温暖的阳光，哪怕只是一丝隐现于天际，那也是黑夜散尽、黎明到来的信号。

举手之劳，能者多劳

人类区别于其他哺乳生物的最大不同，就是人类具有社会性。我们通过依赖、利他、相互协作等方式，提高自己的生存能力。因此社交，与他人建立起深厚的情感关系，对我们来说非常重要。但在如今这个快餐时代，除了文化、娱乐被快餐化以外，人们甚至都很难感受到缓慢的生活与情感。特别是现在的年青一代，毕业踏出校门，在高强度的生活节奏下，并没有太多的时间参与社交，更谈不上建立起舒适的社交圈。因为人与人之间的交往，尤其是深度交往，往往需要长时间的磨合，许多人走着就不见了，哪怕最初的时候有多么合拍。

从心理学来看，人们从陌生人开始建立一段关系，成为朋友的契机，通常情况下是由于对方性格或者是兴趣爱好等，但在成为朋友后想要熟悉且快速增进感情的最有效方式，就是在互帮互助之中彼此的了解和羁绊逐渐增加。这是一种可以不断向上叠加的良性循环。因此，在你认识一个新朋友的时候，通过日常给予对方一些举手之劳的帮助，可以快速地增加你们之间的感情深度。

举手之劳可能无足挂齿，但我们常说由小见大，习惯举手之劳之人，通常都胸怀宽大，能替他人着想，朋友会觉得你把他放在心上了，当哪天你需要朋友的帮忙时，相信你的朋友一定会义不容辞地帮助你。一来二往，你就收获了一个可以充当坚实后盾的好朋友。我们都需要有朋友，即便有家人，但朋友带来的是另一种截然不同的社交归属感。社交的本质是建立以自己为中心的舒适圈，在这个圈子里面，你会体验到一种归属感和控制感。朋友多了自然会有归属感，也会有更多获知消息的途径，你也会获得更多的机会。在这个圈子里，你和每个人都可以畅所欲言，融洽相处。当你需要帮助的时候，会第一时间想到他们。作为回报，你也需要关心、帮助圈子里的其他人。

这就是心理学中强调人与人之间相互帮助的跷跷板理论。没有这个互相帮忙的过程，就很难和朋友之间建立更深层次的情感交流。如果你习惯待人冷漠甚至刻薄，久而久之，你身边的朋友也会慢慢疏远你。假如每次见到你都会让自己生一肚子气，那么对方在本能的驱使下，就会减少与你见面的次数，避免相处不愉快，直到重新变成陌生人。

仔细观察周边一些受欢迎的人的特征，我们通常可以发现一些能人身边都会围绕一群人，他们不仅待人友善，也乐于帮助他人。这类人或许是博学的，能解答大家平时遇到的各种问题；或许是人脉超广，在他人需要的时候总能找到途径为对方提供支援……总而言之，这类人不仅能力优秀，还能者多劳，慷慨地帮助身边的朋友，不断地向周围展示自身的价值，因此他们的人际关系非常好。

因此，与人深交，在社交中受欢迎的关键是发挥自己的能力。如果想要搭建起自己的社交圈，能力小的可以多做一些举手之劳的事情，本领多的就能者多劳，很快你就能发现自己获益非凡。或许有人会觉得自己一直帮助别人的话，是否太吃亏？这种想法是完全错误的。

和大家分享两个钢琴艺术家好友之间的故事。在波兰爆发了华沙起义后，肖邦不得已在国外漂泊，最终来到法国巴黎，也在那时碰巧认识了李斯特。不同于肖邦的落魄，李斯特当时已经是非常受欧洲观众欢迎的著名钢琴演奏家了。见到肖邦如此落魄清贫的模样，李斯特不禁动了要帮助朋友的念头。但即便李斯特花钱给肖邦办一个独奏会，也不会有人来看这个名不见经传的新人演奏家的演出的。李斯特想到过几天就是自己在巴黎大剧院的演奏会，就有了一个主意。

演出当天，李斯特要求熄灭剧院内的全部灯光，对观众说是钢琴表演的要求，希望观众能够闭上眼睛认真享受音乐。于是，在剧场黑乎乎的环境下，钢琴声响起。对于很多熟悉李斯特演奏风格的粉丝来说，今天的钢琴演奏得那样深沉悲怆，没有李斯特特有的华丽技巧，使听众如醉如痴，他们认为李斯特的演奏又进入一个新的境界。等到演奏结束，灯光重新打开，在听众的热烈掌声中，站在钢琴旁鞠躬的却是大家都不认识的人——原来是李斯特用这样的方式把肖邦介绍给了巴黎听众，使肖邦从此一鸣惊人，开启自己在法国的音乐生涯。

李斯特和肖邦不仅是朋友，更是同行，也算是竞争者，但他却会把在巴黎圣母院演奏的机会提供给肖邦。这使得肖邦对李斯特感激不尽，并在日后二人的音乐道路上，一直回报对方，彼此成为亦兄亦友的挚友。

当你有能力了，你多付出一些，多帮助一些人，你多付出的那么一点点带来的正面影响是无法预估的。我们看到不仅肖邦的才华被听众认可了，李斯特的高尚行为同样令音乐界的同行和听众感动。而且，你要知道，今天的社会同样是提倡能力越大，责任越大。能者多劳，多劳多得，多得可以是今天得，也可能是明天得。

从社会学上讲，人际交往是一个社会交往的过程，互相给予是我们彼此都迫切需要的。社会学家把这种互相给予称为人际交流中的互惠原则。一个人越有价值，即使他口才不好或者性格沉闷，但如果他知道如何帮助别人，他的人缘也不会很差，因为别人会知道他是一个有价值的人。

我们交朋友不是为了功利和利用，但他们确实能给予我们很多。在朋友需要自己帮助的时候，能够帮助的还是要尽力帮助，因为俗话说“赠人玫瑰，手有余香”，我们不是单方面的付出。在朋友遭遇困难时给予他强有力的支援，这样他会更加看重彼此间的这份感情，其中有感激，更有珍惜。如果自己真的遇上一点棘手的事情，大家翻看自己的朋友列表，你能有多少朋友寻求帮助呢？

尽量地帮助朋友，不管是举手之劳还是其他的，这样你在遇到事时也能向朋友求助，同时不断增加朋友名单，形成社交圈的正循环，你才能够在人生道路上越走越远，越走越顺畅，拥有更多真正的朋友。

放弃成见，接纳另类不合群的人

在我们的身边，似乎都会有一些人是不合群的。他们做事情喜欢独来独往，不管发生什么，好像都不是很重要，而作为群居动物的我们，或多或少都存在偏见，当偏见与偏见一拍即合，逐步形成社会群体对其他群体的排外成见，具有代表性的就是种族歧视。我们要学会放弃成见，发扬中国人自古以来大庇天下寒士俱欢颜的博爱，接纳这些看似另类不合群的人。

很多人会觉得那些独来独往、不合群的人很孤独，很可怜，因为他们过于安静，所以总是给人神秘莫测的感觉，也会让人认为他们是否有很深的城府。于是，很多人不会接近他们、了解他们。其实，那些不合群的人往往才最值得深交，放下成见主动靠近他们，相信你一定会发现自己以前是一叶障目的井底之蛙。

生活中，有很多看似合群的人，他们缺乏独特的个性，喜欢跟随大众，适应别人的想法与做法，遇到问题从不喜欢独立思考，别人说什么就是什么，或用几句奉承的话来表达自己的立场。反倒是那些不合群的人，思维清晰，认知有深度，不会盲目顺从主流，做人做事有自己明确的底线和原则。不合群的人是自己选择成为不合群的，不喜欢八面玲珑，不喜欢人际关系中戴着面具的虚伪。合群的人，可以找到归属感；不合群的人，可以找到真实的自我。

一般来说，合群的人适合做普通朋友，不合群的人非常适合深交。不合群的人，常给人清高傲慢之感，因此会让人觉得他们冷漠无情，但其实这正是我们先入为主的成见。他们只不过是把自己的感情付出看得很珍贵，只会给予极少数的人。正是因为重情，因为珍惜，才会把时间都用于陪伴自己最在乎的人，因而脱离了大部队，被人打上不合群的烙印。

"人心中的成见就像一座大山，任你怎么努力也休想搬动。"这是电影《哪吒之魔童降世》中的一句经典台词。心理学中也的确有晕轮效应，是指当我们对一个人的某种特征形成好或坏的印象后，就会给这个人打上不可抹去的标签，不管他做其他事情，都会带着这个标签下判定。这实际是一种以偏概全的认知偏误。接纳他人，才能消除我们的认知偏差。

那么，这就有个需要我们反思的问题："所谓的成见或者偏见是否只是你的一隅之见，是否有以偏概全呢？"就像我们肉眼看到的人和事，你未必能看清楚全貌，也许你看到的只是你觉得自己主观想看到的或者是一种先入为主的刻板心理想象的假象。

所以，别太相信自己的第一印象，也别踏入晕轮效应的陷阱。有些时候，所谓的成见不一定正确，所以请你摒弃成见，换一种包容的心态去看世界，千万不要以你所谓的成见就给人和事轻易地下定义。

放下成见，互相交流，哪怕理念不同，也不等于不能合作，因为我们的目标很可能是一致的。求同存异，增进理解，哪怕对方与我们存在一些分歧，暂且包容它，试着商议和妥协，问题总是会被解决的。事实上，因为独来独往的习惯，他们更加独立自主，往往更懂得肩负起自己的责任，不会事事依赖他人。与这样的人相交，相信你必将受益良多。

英国哲学家培根说："真正可怕的，并不是那种人人都逃不开的一念之差，而是那种刻在我们骨血、扎根于内心深处的谬误与偏见。"不要因为你固有的成见而戴着有色眼镜去看人，要打破成见，学会包容。这个世界上的很多事不是非黑即白的，就像我们学习高中政治，课本都告诉我们要用辩证的眼光去看待人、事、物。

大火的动画电影《哪吒之魔童降世》中，申公豹不管如何努力表现，一直得不到重视，重要的任务都是别人的，只因为在别人眼中他是豹妖。龙族也是一样，虽然他们立下战功，但是仙、人都对龙族有深深的偏见，认为他们只能在地狱镇守恶魔，不能位列仙班，更不能到人间去。敖丙到人间找哪吒，都要伪装。哪吒被陈塘关的百姓当成妖怪，虽然他一直在帮助大家逃避危难、打妖除魔，但还是被误解，这是他一生最痛苦的事情。

即便成见像是申公豹说的的确实是一座大山，但如果我们能做愚公，也是可以移山的。只要我们每个人能宽容一些，尊重他人的不同选择，求同存异，就能营造一个没有歧视、没有偏见的友好氛围，何乐而不为？只要人人多一点宽容，每个人都能翻越心中成见的大山。

良好人际关系的基础是人与人之间相互尊重和理解。你给予积极的正面反馈，那么你们就很容易形成良好的人际互动关系。当然，反过来说，互相的负面态度会不断强化出一个破裂僵硬的关系。

合群的且擅长社交的人，多数给人长袖善舞、八面玲珑的感觉。和他们做朋友，包括和陌生人轻易打成一片，你可能会有很多酒肉朋友，但却难得一二知己。不合群的人，通常非常在意人际交往的深度和内容。如果你想要一段深入且对你来说有价值的交流、持久而深刻的友情，你就需要放弃成见，接纳那些另类不合群的人。

知名作家周国平也是这一类人。他在《人与永恒》一书中提到："我天生不喜欢交际，在多数交谈场合里，不是我觉得对方乏味，就是担心别人觉得我乏味。可是我不想忍受对方的乏味，更不喜欢费劲地使自己变得有趣，那都太累了。"但其实，从周国平的自传就能发现，他对深度直抵内心的交流是非常喜爱和需要的。

心理学研究表明，在群体中，那些不合群的人是我们本能选择排斥的主要群体，遇到不好的事情，不合群的人也容易被推出来当“替罪羊”。因为在中国人的惯性思维中，合群是很必要的，不合群是容易被排挤，以及被认为是一种失败。但随着社会的发展，不合群的人被更多的人发现他们的真实性格以及人格魅力，甚至各方面的能力都很强。

所以，请珍惜身边那些不合群的人，放下成见，他们才是值得深交的对象。

善于组场，做情绪和气氛的调动者

说到组场，没有人能质疑奥菲利亚·雷诺阿（Ophelia Renouard）的能力。

作为巴黎名媛舞会的创办者，她成功组建了一个庞大的、顶级的、遍布欧亚美的社交圈。

1992年，奥菲利亚·雷诺阿准备为克里翁酒店组织一次年度社交活动。她脑海中闪现出一个能吸引全世界目光的点子，邀请上流社会的名门女孩来参加一场属于她们的舞会，在向世人展现女孩个人出色的教育背景和良好的品格修养及热忱于公益事业的爱心的同时，高定服装和名贵珠宝也是巴黎名媛舞会的亮点。

当奥菲利亚·雷诺阿准备把想法付诸实践时，邀请到合适的嘉宾成了最具挑战性的工作，她不得不拿出手机翻看自己的通讯录，动用自己的人脉邀请嘉宾。接下来，她开始打造与顶级舞会相匹配的氛围，鲜花、蜡烛、音乐、水晶灯……与舞会相关的全部陈设，她都要求务必尽善尽美。

奥菲利亚·雷诺阿关注所有的细节，女孩的出场方式和她们的衣着搭配，她都会一一了解。除此之外，每位女孩的家世、年龄、学历、兴趣爱好、理想抱负她也会一一记下，并在舞会开始时向所有来宾郑重介绍。当然，女孩身边优雅的骑士，也是经过慎重考虑后安排的。

如今，巴黎名媛舞会已经成为世界上最奢华的名媛舞会。许多顶级豪门的名媛试图通过推荐的方式进入舞会。奥菲利亚·雷诺阿用近乎严苛的标准进行筛选，这使得有幸参加舞会的名媛备感荣幸和开心。舞会那近乎美妙的浪漫氛围，则将成为她们人生最美好的记忆之一。

巴黎名媛舞会的成功，和奥菲利亚·雷诺阿善于组场且能充分调动情绪与气氛的超强能力有很大的关系。

让我们来看看奥菲利亚·雷诺阿是怎么做到这一切的吧！

第一，她对于舞会定位的认知非常清晰。这是名媛步入社交的首秀，是展现其美丽、奢华、优雅、知性和爱心的舞会。这也是舞会能一直保持吸引力的重要因素。

其实，所有的组场从一开始就要有清晰的定位，我们必须明白组场的目标是什么，阳光、正能量、积极向上、传递爱心的主题总能吸引人们踊跃参加。

第二，奥菲利亚·雷诺阿对舞会做了许多积极的准备。她了解所有嘉宾的家世背景、学历、爱好……想要拥有一场完美的舞会，这些准备工作是必不可少的。有了这些资料，你可以按照嘉宾的喜好给她们更好的照顾，让每个人都能尽快地在陌生的环境里熟悉起来，有助于调动气氛。如果大家都特别拘谨，那么，这场舞会一定会特别沉闷。

详细的准备工作，还能有效规避矛盾的产生。要知道，任何一次组场都应该避免双方的矛盾点，如何避免，就需要组场者对每一位参与者有十分深入的了解。

很多时候，参与者的态度来源于你的重视程度，你要是特别重视这件事情，把所有事情做好、做细再做精，所有人必然会重视这次相聚。态度会调动情绪，情绪则会拉升气氛。

第三，引导。情绪和气氛是需要引导的，精致的餐具、美味的佳肴、一壶清茶、觥筹交错的酒杯、舒缓的音乐都是语言之外情绪和气氛的引导者，每一位组场者都应该关注这些细节，并充分利用。

适当的话语也是必不可少的，组织者要负责引荐每一位嘉宾，找寻她们最闪光、最耀眼的光给其他人认识。合适得体的引荐将增强每位嘉宾的参与感。这样的引荐也有利于推动气氛，每个人都会因为认识如此出色而优秀的人感到开心。

紧凑连贯的节目安排应张弛有度，这也是舒缓、提升情绪和引导气氛更为融洽、和谐的方式，让每一位参与者都能在兴奋的同时得到情绪平缓、休息的机会，既可以和他人互动，又能找寻片刻独处的空间。这种无言的引导，有时候比你一直试图让气氛处于热烈的状态更为现实，也更为理想。

第四，让每个人都参与进来。很多时候，我们认为你把他邀请过来，他就已经参与了，其实不然，这只是表象，只有他真心参与其中，他的情绪才能被调动，继而影响整个气氛走向热烈、高涨。所以，作为组场的人，你有义务让所有人都参与进来。

1.找到一个大家都感兴趣的话题。你要了解所有参与者的喜好，找到一个大家都熟悉也认同的话题，让这个话题打消彼此间的距离感和陌生感，畅所欲言。记住，此时你最好沉默，只要认真倾听就好了。当然，当话题走向死胡同前，你有必要进行适当的纠偏。如果没有，你就继续倾听，让每个人都有发言的机会。

2.设计一个大家都自愿参与的节目。如果有的人不能参与，那就为他们提供足够舒适的休息场所。

比如，你可以组织一次户外烧烤，有人穿串，有人负责烤，一旁放上几瓶饮料，有一个舒适的小圆桌，让那些不愿意参与进来的人可以坐在这里喝一杯饮料，顺便眺望一下远处的风景。记得，让大家随意，找到自己最合适的方式安定下来，不要让人手足无措，然后再借着食物和欢笑一点点拉近彼此的距离。

3.请求帮助。这也是一个非常可行的方法。如果你发现一个人孤独地坐在角落，或者只是埋头吃着食物，一点儿话也插不进来，那么等到大家稍微停下来的时候，你可以当着所有人的面，请求这个孤独者帮自己一个小小的忙，记得，一定是这个人举手就能解决的帮助，然后真心赞美他，这个小小的举动能很快让别人关注他，进而拉着他参与进来。

最后，一定要挑选你准备邀请的嘉宾。我们不能像奥菲利亚·雷诺阿那样严苛，但挑选还是需要的，千万不要把价值观相差太大的人拉在一起。他们在一起很难碰撞出火花，相反，会撞击出火药的味道，让大家都不欢而散。

至今，奥菲利亚·雷诺阿仍拒绝从网络上寻找名媛，她一直认为足够了解才能办一场好的名媛舞会，这点非常值得我们学习。

成为“大有用处”的人

是否能成为有大用处的人，一方面取决于个人能力的强弱，另一方面则取决于个人能力是否得到充分展示，是否能得到他人的认可和助力，是否有空间施展。

清朝电视剧中常有犯罪之人被流放宁古塔的桥段。剧中人听闻被流放于宁古塔，多脸色煞白，汗如雨下。

在交通不便的清朝，被流放苦寒之地——宁古塔的恐怖在于千里路途，多数人还没有到，就把命葬送在半路上了。就算侥幸到了宁古塔，犯人也将面临财产被抄、永别故土、流放为奴等一系列悲惨生活。

但是历史上却有这么一位被流放宁古塔后，凭借自己的侠义行为，不但获得了当地满、汉人民的一致敬仰，也成功开拓了属于自己的商业帝国。他就是绍兴人杨越。

杨越被流放至宁古塔后，没有半刻哀叹，先是拿出自己从中原带来的物品与当地满人进行易物交换，后又与妻子拿出家乡手艺，在当地开了一家糕饼店销售糕点。和一般商人不同，杨越从不隐藏配方，不论谁来学手艺，他都尽心力教授。他还把自己从中原带来的先进农业种植技术倾囊相授给当地人。他的所作所为，很快就得到当地人民的尊重与好感。

真情相待收获的友善之情，让他极快地融入当地的生活。他开始和当地人一起进山捕貂，然后制作貂皮出售。在他的带领和劝说下，当地人也开始拿出家中的人参、鹿角、貂皮等出售，规模贸易很快形成，商品一度远销朝鲜。

杨越，这个被流放宁古塔为奴的人，就这样凭借着不屈与真诚，硬生生地改写了自己的命运，成为一代可以名留青史的儒商。

从杨越的故事里我们可以看出，抱负和理想在任何地方都可以闪光，只要你肯脚踏实地地努力，人生不论处境如何，都能成为有大用处的人。

首先，要懂得适应环境。人在短期之内很难改变环境，只有先适应环境，把日子过下去，我们才有机会成就自我，成为有大用处的人，继而通过自我努力改变环境，让生活越来越好。

1.不要抱怨。你的抱怨只能让自己的心情更为糟糕。如果你特别爱抱怨，那只能让那些可以为你提供帮助的人远离你。大家需要的是感恩与感谢，而不是抱怨，哪怕对方做得真的不够好。生活更加不需要抱怨，你所有的抱怨都只是自讲自话而已。

2.不要失去希望。否极泰来，所有最糟糕的事情都会随着时间渐渐过去，一切都会随着你的努力好起来，所以请不要失去希望。

3.积极行动。像杨越一样，他初被流放宁古塔时，连个住的地方都没有。他没有等，也没有靠，而是第一时间进山伐木、进山凿石，自建房屋。后来，他又开饼铺、耕农田、捕貂、做贸易，这一切的一切，他一直在做，一直在行动。

第二，明白自己在抗拒什么。很多时候，我们之所以没有机会，不被他人认知，是我们自己在抗拒。拒绝是人体本能防卫的体现，它通常以扭曲事实为目的，让我们不去理会别人的告知和意见，拒绝别人的观点和方法，总以为自己是正确的。

这非常不利于你和他人的深度交往。你听取别人的建议的时候，别人才会从内心觉得你认同他、尊重他，这有利于拉近彼此间的距离，让你收获更多帮助。你应该明白，别人的意见，很多时候是为了避免我们重走他们走错的路，所以你一定要想办法说服自己接受，而不是下意识地拒绝。

杨越显然懂得这一点，他没有和其他人一样，觉得满、汉之间有差别，而是积极融入当地，虚心跟随当地人学习捕猎技巧。当别人提出合理的建议时，他总能接受。

其实，他在接受别人的时候，别人也在接受他。

第三，利用自我优势，满足他人的需求。这一点上，杨越做得非常好。

他教当地人做饼、耕田，利用自己的优势为别人解决问题，满足他人的需求。人与人之间的相处是互惠互利的，当你利用优势满足别人的需求时，别人也会从内心认同你。当我们在播种爱心的时候，也能收获真正的朋友和友谊。

利用自我优势，满足他人需求，也是展现自我能力的绝佳机会。此时，别人会用更宽容、更包容的心态接受你，认可你的能力。当你的能力被更多的人了解后，你将拥有更多的机会与机遇。

利用自我优势，满足他人的需求，也会让他人心存感激，继而替你考虑问题，尽可能为你减少阻力和障碍。如此一来，我们再做任何事情都会更顺畅，个人能力将创造更大的价值。

第四，消除负面影响，做个乐观的人。杨越作为一个被流放的犯人，他十分懂得消除负面影响对于融入当地生活有多么重要。他终其一生都在与人为善，用行动消除人们对于流放之人必大奸大恶的印象。他乐于助人、豁达仗义的形象日渐丰满，最终让满、汉两族人民都十分敬服、亲近他，最后连宁古塔的将军都将他尊为座上宾。

不要小看负面影响力，它会让那些不太熟识你的人对你产生抗拒心理，你将很难与之交往，更别提深交了。

当然，也不要害怕负面影响力，做个乐观的人，用阳光战胜这些负面消息，因为一切都会随着时间被证明。当别人发现他曾经误会过你，而你却一如既往地真心相待，你将收获更多的敬服，也将更具个人魅力。

最后，一定要了解吸收所处地域的社会文化，并尊重它。如果你想成为有大用处的人，请牢记这一点：要想与一个人深交，首先你得深入了解他所在地域的社会文化，尊重他的信仰与习俗，尊重他的生活方式和习惯。

只有这样，别人才会从内心接受你，继而被你吸引，给予你更多施展能力的机会与平台。

第6章 <<<

使吸引力成为影响力，轻松打造私域流量

赢得本能吸引，给人带来安全感

作为群居性很强的人类，想要从其他人身上不断获得认同感是每个人的天性使然，也可以说是人类这种社会动物的生存本能。因此，如何让自己变得更具吸引力，一直是很多人非常热衷且十分关心的话题。其实，这也很好理解，因为一方面，我们可以通过不断吸引他人的注意让自己变得更加优秀；另一方面，你得到了他人的赏识，也就意味着你正通过你的吸引力来体现着个人价值。但是提升吸引力的方式那么多，哪种手段最有效率呢？下面我们所要探讨的就是通过为别人提供足够多的安全感来获得他人的关注。要知道，在大多数关系中，只要对方有了足够多的安全感，就意味着他对于这段关系是十分认可的，他对你的依赖性自然不言而喻。对于大部分普通人来说，有了安全感，不仅会让我们变得更加有吸引力，也会更加自信从容。

安全感在人际关系中有多么重要呢？这么说吧，掌握了给他人安全感的有效手段，也就意味着对方已经完全被你吸引。安全感已经越来越成为人际亲密关系中的重要命题，大家都希望自己能和有安全感的人相处，希望从别人身上汲取足够多的安全感。它不仅可以让他人在你面前展现真实的自己，也会让他觉得自己正在被尊重、被接纳。

因此，每个人多少都会带着一点无可厚非的私心，希望自身能散发足够多的安全感博得更多人的喜爱，但并不是人人都能做到。那如何让别人觉得和你沟通很有安全感呢？我们不妨从以下几个方面去尝试。

1.让对方感受到你的尊重。

很多人可能会认为要想给对方足够多的安全感，就意味着要给对方足够多的金钱财富、不限额度的银行卡……其实，这样的观点是片面的。要知道，金钱带来的安全感是一时的，如果想要内心真正觉得富足稳定，还需要在精神层面给予他人足够的尊重。因为在与他人交流、沟通时，你给了他尊重，对方才能在你面前想说什么就说什么，真正把他的感受表现出来。这样对方自然会很安心地与你交流沟通，慢慢地加深对你的信赖，被你的耐心所吸引。我们都明白，要想找到一个真正尊重你、愿意倾听你说话的朋友实在不容易，你所给予的尊重必定会换来他人的肯定。不管先前这位朋友是不是喜欢你，他都会以一个恰当的态度与你展开接下去的沟通，而不是用情绪来对待你们这段关系。

一代喜剧之王、英国的男演员卓别林就是这样一位不吝啬给朋友尊重的人。一次，他通过朋友的介绍，认识了一个对他仰慕已久的观众。卓别林和对方很谈得来，很快就成了关系不错的朋友。这个新朋友不久便请卓别林到家里做客，并很热情地向卓别林介绍自己的收藏。他是一位非常资深的棒球迷，于是便滔滔不绝地向卓别林介绍自己的各种棒球收藏和喜爱的棒球比赛。

朋友越说越兴奋，卓别林则安静地听着，不时微笑地回应几句。那位朋友的收藏很多，唯一美中不足的就是因一直没能得到某位棒球明星的签名而感到有些沮丧，不过这种沮丧的情绪并不明显。

没想到这次聚会结束不久，卓别林把朋友的“心事”挂念上了，他通过各种关系费尽周折地找到朋友说起的那个棒球明星，请他在一个棒球帽上签了名。然后，卓别林又亲自把这个棒球帽寄给远方的那位朋友。

卓别林的举动让他身边的人非常不解，因为大家都知道，喜欢安静的卓别林对棒球从来就没有什么兴趣，卓别林本人倒是很洒脱，他告诉身边的人：“我是对棒球不感兴趣，可我的朋友对棒球感兴趣，我尊重我的朋友，所以也尊重他所热爱的事物，这样别人才能真正感受到自己是被理解、被尊敬的，这也是在给他的寄托足够的安全感，唯有相互尊重才是一切友谊的基础。”后来，朋友也听到了卓别林的这番话，并为此感慨良久。两个人的友谊整整延续了一生。

是啊，要想给你想维持的人际关系上把锁，必定是真心诚意地尊重对方，给他足够的安全感和可靠的肩膀，这样才能更加长久地吸引别人与你成为益友。

2.从细节入手，释放关心的信号。

我们都知道，一个人的安全感并不是凭空出来的。要想给他人足够的安全感，我们就要从物质条件或是情感层面给对方带来满足。若想对方看到你的诚意，当然要从细节入手释放你的关心。要知道在人际关系中，情感上的细节往往决定着他人对你的印象，所以我们只有与他人在细节上建立情感互动，才能赢得他人的信任。比如说：不论多忙都和对方保持话题上的交集，那么对方就能知道你时时关心着他的生活。当然，你还可以耐心地倾听对方的抱怨，给予对方足够的耐心，这样你的关心才能及时地安抚到对方的情绪，才会让对方在与你沟通时有患得患失的感受。

加拿大滑铁卢大学心理学系的研究人员做过这样一项研究：有没有办法能让缺乏安全感的人快速感受到别人的关心？为此，他们进行了一系列实验，通过大量的调查数据得出一个非常简单的办法，那就是询问对方："你今天过得怎么样？"没错，正是这样一个小细节，就能让那些缺乏安全感的人感受到自己是在被他人关心着，这也有利于他们有更多的交流请求，愿意向对方透露自己的更多事情，以回应对方想要与自己建立联系的想法。所以，用一个小细节释放你的关心信号，对于他人获得安全感这件事来说，是十分有必要的。

3. 尽可能对彼此开诚布公。

不论是哪种人际关系，安全感都很重要，除了要给予对方尊重和良好的互动外，最重要的是要彼此间的开诚布公。如果一段关系中双方都遮遮掩掩地把自己包得严严实实，那么我们就很有可能忽略对方的感受，没有保护好他的安全感。因为每个人都会去仔细确认，眼前这个人是否真心地支持自己，是否真心地想要维护我们的关系，如果不开诚布公地相处，那么肯定很难让对方有安全感。简言之，每个人都需要感受到对方的以诚相待。因为任何人都一样，一旦嗅到会受伤的气息，就会为了自保采取防卫姿态，你自然赢得不了他的信赖。

4.及时处理矛盾，说到做到。

任何一段关系或多或少都会有出现小矛盾的时候，这并不可怕，关键是我们在处理这些人际关系问题时应该学会快手斩乱麻的直接应对。因为有些问题随着时间的发酵只会越来越严重，特别是经历了一段时间的冷暴力之后，那几乎就是在把这段关系推到死胡同里。所以，及时处理沟通过程中的矛盾，也是加强安全感的手段，因为能心平气和地坐下来好好解决问题的态度，说明你是一个有担当的人。而且，有问题就要直接提出来及时解决，不但能体现你的高情商，更能让对方感受到你的人格魅力。同时，任何时候，答应过的事情都要说到做到，这不仅关乎安全感，也是一个人的信誉问题。如果只说不做，慢慢地，别人对你就没有了信任，更不用说安全感了，对方对你的失望只会越攒越多，你的交际圈自然就越走越窄了。

总之，一个人要想通过给他人带去安全感来赢得吸引力，主要是要给予对方足够的尊重，从细节上与对方好好相处，并且及时地处理交往过程中出现的问题，保持与人为善的态度，你自然能给别人带去十足的安全感，也能在人际交往中成为受欢迎的人。因为世界上有那么多相互吸引的社会关系，都是靠着安全感在维持。

无死角打造自己的高段位气场

你肯定见过，在生活中，有些人只要一出场，就会引起不小的轰动，仿佛有某种魔力能让人觉得他们自带高光，还会让人移不开眼，逐渐被他们吸引，这就是气场的作用。一个人如果拥有较强的气场，那么他自然就能够镇住身边的人，也会让人不自觉地对拥有高气场的人产生崇拜的心理。这就是每个人都应该修炼好自己的气场的原因，特别是在人际交往中。

不管你从事什么职业，都免不了要和人打交道，而在人际交往中，一个人的气场往往能起到非常关键的作用。比如，那些拥有强大且积极气场的人，往往一开始就能够在沟通中占据主动，还能在沟通时避免一些不必要的麻烦。那到底什么才是气场呢?

气场这两个字从字面上来理解，其实就是描述一个人自身散发出的隐性能量。就好比某些魔幻电视剧中那些一出场便自带光环的人物，而这种类似光环的隐性能量往往能给人带来完全不一样的经历。比如，拥有高段位气场的人在社交生活中往往能左右逢源，成为人群中的“万人迷”；气场较小的人很容易会被当成小透明混迹于人海中。是的，每个人的气场并不一样，由个人自然形成。换句话说就是："一个人的气场有多大，自身能吸引别人的能量就有多大！"因此，不论是谁，不论你的职位是高是低、身价多少，拥有高段位的气场，无疑是你人生的一大助力。既然气场这么重要，那么作为一个普通人，该如何培养自己的高气场呢？想要提升自己的气场，又应该从哪些方面做起呢？

首先，改变自己的外在，让自己看起来自信从容。

不知道你有没有观察过，那些拥有高段位气场的人不论是在穿衣打扮，还是身体的动作姿态上都给人一种干练自信的感觉。在人群中，你很难把这样一个连姿态、眼神都很自信的人忽略掉，你还会不自觉地把目光黏在他的身上。可见第一眼的吸引对于气场的修炼是多么重要。著名主持人杨澜说过："没有人有义务透过你邋遢的外表，来认识你精致的内在。"所以，修炼自己的形体也是培养强大气场的一部分。我们必须把自己收拾得干净清爽一些，才能拥有更强大的气场。

联合国儿童基金会曾经做过这样一个实验：实验工作者让同一个小女孩分别以漂亮的和邋遢的两种差距极大的形象站在街上，观察人们对待这个女孩的态度。当小女孩穿着穿着得体漂亮，十分吸引人眼球时，路过的人们都十分好奇女孩子的情况，纷纷显示着自己的爱心，询问女孩是否需要帮助。然而，当小女孩换上破衣烂衫，打扮得灰头土脸时，在同样的地点却没有得到路人们的帮助。

同一个女孩，仅是因为穿着不同，得到的待遇也是天差地别。这都取决于人们的第一印象，而第一印象有80%以上取决于人的外在形象。正所谓“人靠衣装”，得体的穿着、好看的打扮不仅能让人赏心悦目，也会让人额外拥有与众不同的气场。这样的人往往也会拥有更多的关注与机遇，更容易被人温柔对待。

其次，不断丰富自己的专业，努力做到优秀。

其实气场，说白了是你对别人能有多大的影响力，它是别人在你身上感受到的一种力量，是一种自我对他人的感染力。所以想要感染别人，首先你在某些方面的表现要比较突出，这也需要很多条件去支撑，如一个人的能力和学识。一个有气场的人，必定是一个优秀的人。他必须有过硬的专业能力，可以让别人信服，还要有特长或是丰富的学识。我们常说：“富有诗书气自华。”一个内心丰盈的人，他的谈吐自然能给人一种不一样的吸引力。

有段时间，一位北京大学的学霸在网络上引起热议，他就是北京大学数学系助理教授韦东奕，大家都亲切地称他为“韦神”。他真正爆红的原因是在一次路人采访中，他在镜头前语气平淡地说自己是如何被留任北大的经历。虽然他三言两语说得很简略，但网友还是很快扒出与他平平无奇的形象完全不相符的天才般的经历。他是百年难遇的数学天才，曾拒绝哈佛大学、麻省理工学院等名校的邀请，不到30岁便留任北京大学，还是陈景润的接班人。他在数学上的造诣，让他自带气场。就是这样一位数学天才，他每天依旧保证至少12小时的学习，不断地在数学的世界里探索，可以说正是他的不断钻研让他自带权威。

所以，我们要想修炼强大的气场，就应该不断地丰富自己的专业，在擅长的领域发光发热，努力做到优秀。只有底蕴深厚的人，他说的话才能拥有一定的权威性。作为资质平平的普通人，我们可以想一想自己真正擅长什么，然后再不断地努力坚持。当你通过刻苦学习，把自己的特长真正发挥起来，达到优秀水平的时候，你的气场自然就能提升上去。

再次，言行一致，做个言出必行的人。

一个气场强大的人，首先必须是一个说到做到的人，因为人的气场大多来自别人的信赖。如果一个人没有做人的基本信用，那么他在任何一段关系里都寸步难行。所以，我们要对自己答应过的每件事情、每句话都尽力完成，还要做到善始善终。这样别人才会觉得你是一个值得信赖和依靠的人，以后你说什么别人都会考虑。这就是一个气场强大的人具有的魅力。

最后，不管是物质还是精神，都要努力丰盈。

有气场的人，不论在物质方面还是精神层面都不会亏待自己。因为不管是富裕还是暂时的拮据，我们都应该在能力范围内给自己最好的东西，这样才能修炼出一颗强大的内心。有人说，只有物质和精神都富有的人，他的表现才会轻松自在，才能活出最好的状态。

虽然司马迁在2000多年前就写下了“天下熙熙，皆为利来；天下攘攘，皆为利往”这个名句，但是要相信一个人的高气场同样能使“天下利来利往”。高段位的气场是一种平稳的心态，虽然外在和内心都对其有影响，但最终还是发自每个人的内心。有气场的人，别人自然会尊重你、靠近你，被你所吸引。但这不意味着非要强大得像高高在上的女王一般高冷，强大的气场不是要拒人于千里之外，或是用一个眼神杀死谁，它只是让你成就自己的王国，而不是随便哪个人能动摇你的。

所以，能够改变气场的，是我们走过的路，读过的书，看过的人，是你所见的人间世事。正是那些经历成就了一个拥有强大气场的你。高段位气场是我们熬过艰难坎坷、经历跌宕起伏之后时间和命运送来的礼物，让你与众不同，在走过一切回头望收获的时候，能够坚定地告诉自己：一切都值得。

用故事将自己“包装”成社群明星

怎么理解现代社会的“社群”呢？有人说社群就是有着共同爱好或是共同需求的人组成的群体，就像微信上的微信群，里面每天有内容，有互动，消息不断。但又不仅如此，社群的组成方式其实很多。在现代社会，社群不仅实现了人与人、人与物之间的高效连接，也提升了人际沟通的便捷性。那么，你怎样才能在众多社群圈子中脱颖而出，让别人记住你呢？就好像你去参加一个朋友的聚会，在大庭广众之下，你要怎么做才能让在场的嘉宾或是朋友记住你，这才是关键。今天我们要讨论的就是如何用故事将自己“包装”成社群明星。

其实讲故事就是营造自己的社交门面。现在，越来越多的人会利用故事来包装自己，打造专属于自己的人设。他们将故事浓缩成可以打动别人的精华，将其当成一种高效社交的手段。所以，越来越多人会想方设法地通过故事来凸显自己的形象，让自己成为社群中的明星，吸引社群中所有人的注意力。从生理学的角度来讲，这的确行得通。人天生喜欢听故事，大多数人喜欢通过倾听别人的故事来了解眼前这个人，然后在心中给这个人营造一个活的角色形象。从遗传学的角度来看，我们注定要通过讲故事或听故事来达到某种目的。所以，学会寻找打动人的故事，分享故事，并通过故事表明自己的立场，这是一种智慧，也是一种人格魅力的体现。那么，如何通过增加沟通技巧讲好故事呢？我们可以从以下几个方面去尝试。

我们都知道故事分为环境、人物、事件等组成部分，这是故事的基本架构，也是开始讲故事之前所要了解的。

第一，不同的社群匹配适宜的故事。

不同的社群也就意味着有不同需求的人，所以我们在用故事包装自己之前，一定要明白这个社群的需求。只有明白别人真正需要的是什么，我们才能匹配相应的故事情节。俗话说“物以类聚，人以群分”。任何一段故事，如果故事的情节没有真正打动到你所要打动的人，那么只会让人觉得你在无病呻吟，还很可能引起别人的反感。所以，如果我们想要在优秀的人脉社群中成为“万人迷”，一定要提前做好功课，将个人的故事定位到相匹配的社群中。

作为苹果之父的乔布斯就很会讲故事，他总是能找到大家最容易接受的故事内容开始自己的演讲。他还在世时，每一次苹果公司的全球开发者大会上，乔布斯都不仅仅只是在论述苹果的产品有多厉害、多新颖，而是穿着他标志性的牛仔裤，然后开始讲述产品背后的战略故事。所以，苹果每一次的发布会都能大获成功，因为他抓住了台下观众最想知道的部分。后来，也有很多国内的科技公司开始效仿苹果发布会的模式，没有冗长无聊的介绍，有的只是这些产品背后跌宕起伏的开发过程，是专属于这款产品的故事。

第二，注重故事里的细节。

在社群中讲故事，最重要的是你对故事细节的处理要能吸引他人的共鸣。如果你一味地强调故事如何曲折，其实起不到太大的作用，关键是看你对故事真实性的讲解。换句话说就是重现故事里的场景，其中的一个技巧就是表达得更加具体化，重点去描述故事里的细节，这样才能使周围的听众以参与者的身份进入故事的情节之中，从而不让听众的注意力随意地飘走。一旦你限制住听众的随意思考，听众的反应才能跟着你的脚步去感同身受。

因为在所有讲故事的技巧之中，没有什么比亲身经历来得更加令人信服。你想要吸引别人，获得别人的认同，就要制造故事情境，让他们亲身体验一些新鲜意外的事情。

20世纪80年代，美国的经济受到日本出口行业的冲击。那时美国的一家老牌工厂更是被日货冲击得比较严重，于是工厂的领导决定改革。经过仔细观察，他发现美国工人的工作效率很低，甚至比日本工人低了40%左右，这就难怪了。他开始动员工人提高自己的工作效率，结果无论怎么诉说日本工人的故事、怎么喊口号都没有用。美国工人觉得自己已经完成得很好了，他们根本不相信领导口中的那些日本工厂的故事。随后，这家公司的某位高层想了个办法，他从美国工厂里派出10名能说会道的工人，打算送他们去日本学习交流，顺便参观日本的工厂。结果让这些工人大吃一惊，他们发现日本工厂的效率果然很惊人！这些工人不分昼夜地卖力工作。当这些美国工人回国之后，他们就迅速地把在日本的所见所感传播到了整座工厂，这次的效果果然不一样。美国工人通过这些人的讲诉才知道了真正的差距，因此也提高了工作效率。可见细节对于整个故事起到至关重要的作用。

只有把握故事里的细节，才能让故事在沟通中达到最佳的效果。

第三，尽量不要让故事太过抽象。

在社群中讲故事，你需要不断地问自己："谁是你的观众，他们又将如何体验这个故事。"如果你在讲一个故事或想让听众达到某种心理效果时，就应该尽量用事实和具象化的语言从侧面反衬出来，这样不仅能让听众产生的印象是生动形象的，还能在听众的脑子里留下深刻的记忆点。甚至在讲故事时，你还可以借助一定的影片和音频来帮忙，这样比你的口若悬河会更加有画面感。还有避免使用抽象化的语言，你还要带上自己的感受，这会让听者脑海中的概念更加清晰。就像你想陈述一个人如何优秀，如果你总是说"优秀"这个词，由于它是一个很笼统的词，听众并没有具体的概念，因此你应该说，这个人的考试成绩不是第一就是第二，这种效果对听众来说是截然不同的。

第四，注意故事的真实性。

如果你要想靠故事吸引别人，一定不能让他人觉得你的故事是在瞎编乱造，这样的故事显然没有说服力。所以，你在说故事时，一定要注意把握故事的真实性，让听者完全陷入故事当中。像“可能是某某……又好像是谁……”这种模棱两可的语言，最好不要出现在你的故事里，这样的句子不仅让你的故事没有说服力，模糊的概念还会将听众的一部分注意力转走，显得你的故事没有真实性可言。所以在讲故事时，你要做到正确表达，把握好故事中的五要素，如何时、何地、何人、何事、何故，这样的准确性才会让你的整个故事更加真实可信。

其实，我们每个人的成长经历就可以讲述成大大小小的故事，而在讲故事的过程里，最重要的就是用真情实感去表达。故事只有感动自己，才能够打动别人。只有用心讲好故事，你才能真正运用故事的吸引力将自己“包装”成社群明星，带给别人不一样的影响力。因为讲好故事，不是单纯地自说自话，它是能引起别人共鸣的高级沟通方式。如果你能够让听者感觉到你说的内容画面都似曾相识，能和你感同身受产生共情，那么你才真正做到了用故事吸引他人。

传递一种信念，凝聚一批志同道合的人

众所周知，人类的本质是一种群居动物，古时候的部落，现代的城市，都是人类群居形式存于世的证明。正是因为这样的特质，我们的交流能力、合作能力等都得到了长久且稳定的进步和提升，成为众多生物种族中最为出色、最为智能的存在。但是在群居过程中，并不意味着每个人都可以产生联系，然后长时间地待在一起，因为自然淘汰和竞争法则的存在，人们凝聚成为一个个团队，每个人都在属于自己的团队中发光发热，从而实现整体利益的最大化。中国有句老话，“道不同不相为谋”，意思就是目标和道路不一致的人不适合在一起筹谋未来，所以在我们寻找队友的过程中，率先表明自己的信念和目标，可以更加快速地帮助我们找到并凝聚起一批与自己志同道合的人。

在我们寻找所谓的志同道合的人的过程中，对我们自身的要求其实是很高的。首先，我们需要有明确清晰的目标，保证自己在形形色色的人群中不会迷惘和摇摆；其次，需要我们有充足的吸引力和能力，能够吸引目标人群并将他们从一个个互

不认识的独立个体凝聚成一个团队，让大家心往一处想、劲儿往一处使。在将自身的吸引力转换成对整个团队的影响力的过程中，要始终坚定自身的信念，从而向外界传达我们最主要、最渴望实现的目标，这是第一要义，也是我们找到志同道合的人的关键前提。具体来说，我们需要做到以下几点。

第一，树立起自己的信念和目标，并且坚持不动摇。一个人的信念是在长期的生活中形成的，代表着我们作为一个独立的人生活在这个世界上坚持的原则以及追求的境界，而目标则更加趋向于代表我们短期或者长期想要得到的物品或者实现的愿望。只有我们足够坚定自己的信念，足够清晰想要实现的目标，才会在每一天、每一分甚至每一秒为了它努力奋斗，然后才有机会在这条道路上遇到同样往前奔跑的人。

就像跑马拉松一样，所有参赛选手的目标都是跑过终点线，大家的信念就是要表现出自己健康阳光、热爱运动的精神和品质。所以，每年到了夏天，在各大马拉松赛事的举办地，你都可以看到无数热爱这项运动的人汇聚在一起。每当这时，他们总会熟门熟路地开始聊天和交流，因为他们有无数的训练心得需要传达出去，俨然是一场大型的交流会。另外，孔子也是一个非常有信念的人，他坚持教育的本质是因材施教，坚定自己广纳天下贤才的想法，所以他在漫长的人生道路上一直善于发现人才，教育学生，就算到了晚年也一直坚持给弟子授课解惑，最终才有弟子三千、桃李满天下的盛景，从而在中华民族千年史书上留下自己浓墨重彩的一笔。

第二，增强表达能力，能够准确清晰地表达自己的坚持和信念。在与人交往的过程中，我们最常用的就是语言表达能力，这也是人类区别于其他动物的主要特征。试想，如果我们在与别人的交流过程中，话都说不清楚，自己怎么想的也难以准确地被别人Get到，那再怎么志同道合也难以长久地合作下去。我们在找到与自己有足够共同话题的人之后，如果想要真正凝聚在一起，就一定避不开语言交流，而逻辑清晰、口齿伶俐、言语得体是进行有效语言交流的基本保证。

英国牛津大学社会研究专业曾经做过一项实验。他们找来了30个学生，并将这些学生随机划分为3个小组，分别命名为狐狸、老虎和蛇。这30个学生只知道自己属于哪个队，他们的任务就是在30分钟内找到队友并且集结在一起。在他们寻找队友的过程中，实验人员进行全程的监督和监控，发现每个队伍在集合初期都会迅速地出现一个占据主导地位的人，这个人在后续的寻找队伍过程中起到很关键的作用，因为他可以明确且有信服力地表达自己的观点，在别人与他交流的过程中可以感受到来自他的力量，自然就很信任他。因此可以得出结论，在当代社会，信息的交换从来都是依靠强大的语言能力进行的，在凝聚与自己志同道合的朋友时，能够生动且形象地准确表达自己的信念，是让别人认可我们、关注我们的主要武器。

第三，保持与自身信念相符合的言谈举止和外貌形象。我们每个人都有自己独特的气质，别人在与我们相知相识的过程中会非常直观地感受到气质的不同。比如，我们看到一个人的时候，可能会觉得他善良亲切、沉着专业或是懒散不羁，这样的感觉就来源于我们身上散发的气质。气质的形成离不开我们的经历、性格以及目标。举个例子，在科研道路探索的学者，我们会觉得他们非常专业，感觉他什么都懂，而追求商业利益的商人，我们往往会觉得他们非常沉稳且利益至上。所以，为了让别人准确捕捉到我们传递的信念和目标，就需要塑造起与我们自身形象相符合的气场和气质。

著名电影《穿普拉达的女王》中，主人公安迪的上司马琳达是著名的时尚圈大佬。我们可以关注一下她的出场方式，从头到脚都是国际一线大牌的服装和饰品，再配上脸上精致却凌厉的妆容，手里再拿着几本畅销时尚杂志，一出场就给人她是时尚女魔头的感觉，与她的外号不谋而合，也是整个电影的名场面之一。所以，保持与自身信念相符合的形象，对别人判断我们是否与他们是同一路人非常重要。

我们作为独立的个体行走在这人世间，但是却始终向外传递着属于自己的信念、风格和追求，吸引与自己相似的一群人相伴而行。在往前走的道路上，想要保证身边的人群只多不少，就需要依靠一定的方法将自己的吸引力转变成影响力，从而更好地将身边的人凝聚起来。

共同愿景能使人散发出相同的气息

我们每个人都是这个世界上自由独立的个体，有着独立的思想和行事风格，所以在日常工作、学习和生活中，我们通过表情、语言和肢体动作等展现出个性，其中就包括原则、方法以及人生愿景。在展现的过程中，我们会不由自主地吸引来与自己相似的人或者被别人所吸引，然后成为朋友、家人。总体上说，我们之所以会走到这一步，无非是因为我们散发着相同的气息，而这样相同气息的来源很大程度上是因为有共同的追求和愿望。

共同愿景，通俗来说就是共同目标。这样的共同目标可以很大，大到希望改变世界，也可以很小，小到只希望能抢到一件想要很久的商品。但只要我们与身边接触到的人存在这个共同的目标，就会为了实现这个目标而努力和奋斗。长久地处在这个环境中，我们的身上总会带上一定的气息或者特质，就像养了猫猫狗狗的人身上总会沾染一些气味或者有几根动物毛，别人一看这些特征就会感觉到我们与他之间是否有着共同的愿望。虽说“道不同不相为谋”，但是这句话反过来理解，就变成道相同则互相为谋，表达的意思就是我们每个人都应该尽量地同那些与自己有着共同目标和坚持共同道路的人待在一起，这是一段长久关系能够存续的基础所在。

共同愿景是帮助人们实现良性交往且不断为同一目标努力奋斗终身的基石，没有共同愿景，就很难与身边的人保持思维高度的一致，自然就没有足够的共同语言，在遇到所谓的风浪时很容易摇摆倾覆。

曾经有一部讲述罗马奴隶反对霸权侵害的著名电影，名为《斯巴达克斯》。这部电影的主人公斯巴达克斯是当时一位领导奴隶起义、反对霸权强权的领导人。他两次打败罗马大军，积极促成奴隶制度的废除，帮助成千上万的底层奴隶获得自由和人权。但就算是这样骁勇善战的领导人，终究还是棋差一招，不慎进入敌方克拉斯将军的包围圈。一开始的咬牙抵抗终究不能支撑太久，看着手底下的士兵，斯巴达克斯不忍他们就这么被活活困死，他最终选择妥协。

克拉斯看着站在自己面前的斯巴达克斯部队幸存的几千名士兵，说：“只要你们交出斯巴达克斯，就可以免于一死，回去继续当你们的奴隶。”几千人同时保持沉默，安静得像本就没有听见一样。过了一会儿，斯巴达克斯高举手臂大喊：“我是斯巴达克斯，你放了其他人。”

结果话音还没有落下，他身边的人也高举起手臂说他才是斯巴达克斯。慢慢地，越来越多的人高举起手臂，嘴里都说自己是克拉斯要找的斯巴达克斯。

在这个故事中，最后的结局是这群幸存者都没有活下来。如果他们不喊出那句话，原本可以不用丧命，但是他们仍然那么决绝，没有丝毫的后悔和犹豫，而促成这一结果的根本原因就在于共同愿景。他们的共同愿景是恢复自由，不当别人的奴隶，可以掌握自己的命运。所以，他们为了这个愿望可以做到生死都不在意，一直到生命的最后一刻都不放弃。从这个故事我们也可以得出一个结论，那就是共同愿景不是嘴上说的几句话，其本质是深埋在内心的一股力量。当人们真正有共同愿景时，它会紧紧将他们团结起来，非生死不可分。

当人们确定了共同愿景且互相吸引在一起，就会产生无限的创造力和竞争力，产生“1+1>2”的效果。好比我们常见的国际上诸如苹果、佳能还有我国的华为、腾讯等企业能够取得目前这样的成功，在国际上拥有一席之地，重要原因就是企业员工之间上下一心，始终朝着同一个目标不断前进。在企业中造就或者宣扬共同愿景，就会让传统的工作变成一项是在追求蕴含在组织的产品或服务之中，比工作本身更高的目的或者说价值，让员工得到新的体验和感受，变得更加充实。这类的例子有很多，比如苹果公司对电脑的要求并不是简单的办公用具，而是使人们透过个人电脑加速学习进程。又如，福特不注重豪华和奢华，反而有着制造大众买得起的汽车来提升出行便利的企业经营宗旨。

著名心理学家马斯洛晚年时专心研究世界性的杰出团体，发现它们都拥有一个特征，即具有共同愿景与目的。团体中包含着各种性格、血统的人，每个人的行动很多时候也是独立的，但是由于共同愿景的存在，他们的行为看似独立，联结起来却异常地和谐。就好像一个蛋糕，每一层都由不同的甜点师来完成，也都有着不同的展现，但是组合在一起就是一个整体，每一层蛋糕都在为整体的效果服务，以便呈现最为完美的视觉效果。综上，我们可以充分了解共同愿景的意义，以及拥有共同愿景的人聚集在一起可以爆发出惊人的力量。所以，在日常生活中，真诚待人，保持一定的敏感度，然后寻找到与自己有共同愿景的人，对于我们的成长来说非常有意义。

第 7 章 <<<

平行世界里，可复制的两性相吸技巧

巧妙搭讪，只有接近，才能喜欢

一段美好的爱情是人人都向往的，但是对许多人来说，认为爱情是可遇不可求的。“母胎单身”的群体可以说是逐渐庞大。明明身边有许多不错的朋友，知识修养、家境性格，甚至相貌身材都可以，但偏偏没有找到另一半。当问起为什么没有谈恋爱的时候，他们纷纷说：“找不到啊，同学没有合适的，同事里面未婚的也不多，没有认识新朋友的场合。”这个理由相信大家听过不少，或者有着切身体会。

其实，我们要抛开这种想法，因为生活中存在很多机会、巧遇、缘分，并不是只有小说和电视剧上才会产生男女主角浪漫相遇的爱情故事。只是我们没有把握住许多转瞬即逝的机会，或者想把握却不知如何搭讪和认识对方。爱情，需要勇气，需要把握时机，学会巧妙搭讪，因为只有接近，才能喜欢，才会有爱情的开始。

那么，搭讪成功的因素是什么，很多人以为是搭讪话术技巧，这其实是最其次的一点。主要因素是你给对方的态度如何。你对搭讪对象的态度，也就是第一印象的好坏，决定了对方是否会把联系方式给你，让你有认识的机会。

所以，搭讪的第一要点——态度要真诚。搭讪有一个很关键的前提条件，就是要快速地建立起对方的信任感。首先，你在外表上要看起来是一个正派的人而不是“坏人”；其次，在言语方面，要迅速而简洁地介绍你的意图。以上两点非常重要，因为你的目标搭讪对象，通常是动态的，没有过多的时间让你去发挥自己的口才。搭讪的前两分钟，你得先让对方能停下来，听你说话。

狭义的搭讪，就是两个素不相识的异性之间建立对话交流，交换联系方式，取得聊天且继续认识对方的机会。这个初识的交谈，也许会让你很紧张颤抖，不知该说些什么，甚至鼓起勇气开口后出现语无伦次、结结巴巴的窘迫局面。这里有个巧妙且实用的解决办法，你不用费尽心思去纠结如何美化自己的言辞，你把对方当作发小、好朋友，想想和好朋友相处的那种轻松自在的状态，这时你整个人看起来就会平稳、自信很多。如果你慌慌张张，对方也会被你的状态影响，进入一种“警惕”的防备姿态，对于你的搭讪是不利的。如果你是沉稳安定、轻松自如的神情，这样的你才能让对方安心一些。

不过，很多人在和朋友一起会各种幽默健谈，可是和异性谈话就会无所适从、言不由衷。这是为什么呢？主要原因在于你内心压力重重，百般顾虑，无法畅所欲言。如果可以选择搭讪的地方，可以选择在自己熟悉的场所，如学校附近、工作单位附近或者小区周边，它们是你的主场区域，熟悉的场所会让你镇定一点，搭讪的成功率自然会提升。

搭讪的第二要点——肢体语言。注意搭讪的时候你们还是陌生人，尤其是男生搭讪女生的时候，女生对于陌生异性的防备心理是男生的好几倍。你得注意给对方一个合适的安全社交距离，过于接近对方的话，可能你还没有开口就把人家吓跑了。另外，你站在对方面前，语言强势，表情严肃，对方感受到压迫感，也是不可能把联系方式给你的。

我们日常想到的各种搭讪，似乎是男生主动搭讪女生居多，非常少的是教女生去搭讪的。大部分女生被放在被动的位置，女生主动追求爱情，容易被认为不害臊、不矜持。许多女生从小就被教师和家长教育要做得体的淑女，如果男生不来接近我们，我们也不会主动进攻。这种想法真的与21世纪不符合了，这种矜持淑女会让你失去认识心仪男生的机会。如果你也有这种想法，无异于给自己筑上一道墙，使男生无缘与你相会。假若你消除这道心理防线，积极主动地争取自己喜欢的异性，那么遇到真爱的可能性一定能大大提升。

如果你在校园或咖啡店碰到一个男生，对他印象很好，想要继续认识了解，发展为朋友，那么一定要珍惜机会，勇敢地去主动打招呼，表达你想要结识一个新朋友，希望能和他交谈的想法。不要害怕被拒绝，不要在没有开口前就开始担心各种坏的可能性，那么你永远不可能成功。即使搭讪后发现对方已经有对象，你也没有损失，因为你迈出了自己勇敢的第一步，锻炼了胆量，打开了心扉，这样遇到真爱也只是时间问题而已。

不要担心主动搭讪会被别人认为你是一个轻浮随便的女生，实际上男生对于在公众场合有陌生女生表示想认识自己，内心是非常开心的。只要你态度真诚，相信对方不会对你有坏的印象。在如今男女平等的大环境下，同等条件主动争取的女生当然比被动女生更容易获得爱情之神丘比特的降临。

其实，搭讪很多时候就是简单的一句话，只要说了第一句话，后面的第二句、第三句自然不成问题。敢于主动认识异性、敢于搭讪的人，不会出现找不到对象的问题。从表面上看，搭讪可以得到你喜欢的人的联系方式。其实，搭讪这个行为本质体现了个人的性格和心理素质，即你有敢于向对方坦诚表达自己想法的勇气，更重要的是你有能接受别人拒绝的坦然。这是一种沟通能力，也是一种心理素质，在以后的恋爱婚姻生活中也是不可缺少的，甚至可以影响到你们的感情质量。

许多母胎单身并不是缺少机会，不是圈子小的问题，而是自己不把握机会，不敢走出舒适圈，去接受有可能面对的拒绝或者尴尬。踏出第一步，面对那个灯火阑珊的他/她，露出你真诚温柔的微笑，主动开启轻松愉快的交谈，也许真爱就会降临在你的身上。

你凭什么让对方“一见钟情”

众里寻他千百度，那人却在灯火阑珊处。两个不认识的人，在某日某地相遇，仿佛前世的恋人有种似曾相识的感觉，这浪漫梦幻的色彩就是一见钟情。你命中注定的一生挚爱，也就这样产生了。一见钟情只在初遇时发生，就像昙花一现，一旦错过，永远错过。所以，如何通过良好的第一印象吸引到对方是关键因素。

心理学家认为，人类爱上一个人，其实只要几个呼吸的时间，而喜欢一个人，只需要眨眼的工夫。因为眨眼睛的时间是0.5秒，我们的脑电波做出决定也只需要0.5秒，就是说，一眨眼的时间，足够一个人留下难忘的记忆，这是最初始的心动。每个人都希望拥有这种一见钟情的爱情，我们在心中设想一个理想男神/女神的画像，然后期待与之相遇，产生电光火石般的感觉。所以，意中人初次见到你的那个瞬间具有非常关键的作用。第一印象好了，对方才会有继续交流、接触的想法。

良好的第一印象，首先要从外形上做准备。这个很多人都清楚，但经常只是想要在觉得重要的日子去打扮自己，这是不对的。大家要随时准备好，不要等到遇见心仪对象时再去打扮，而是应该一直准备好遇见你喜欢的人。如果你平时里都能一直注意打扮，那么相信你遇见对方的时候，一定能保持好的形象。而且，看看身边一些比较有异性缘的朋友，是否平日里就打扮得比较得体精致呢？相信答案不言而喻。

其实相对于外貌，气质是更凸显个人魅力的特质。气质主要通过一个人的身体语言来呈现，比如与人聊天时的面部表情、身体姿态、做事情时的状态等，是通过言谈举止表现出来的，是一种由内到外散发出的味道。

外形上的功夫做好了，也是重要的表面功夫，即便有人觉得肤浅，但如果连外在这种简单可控的因素自己都不做好，怎么能够吸引到异性呢？因为你的意中人初次见到你的那个瞬间具有非常关键的作用，你在对方眼中的初始画面会透过视神经在脑海里留下记忆。

外表吸引力的优势是粗暴有效，不过缺点也很明显，就是随着相处时间变长，外表的影响力会逐渐消失，也就是人们常说的审美疲劳。如果你本身没有其他优点，单靠长相的吸引力是很难长久持续下去的。对于爱情来说，吸引力就是最初的催化剂，没有吸引力，爱的火花根本不可能燃烧。只要提升自己在异性中的吸引力，让对方一见钟情的可能就大大增加。

从心理的角度来说，人际之间的吸引力最主要是基于一点：这个人的出现对我来说有奖赏意义，这种奖赏是一种显而易见的愉悦感或者满足感。

许多人可能不知道眼熟其实是一种心理学现象，指对方会因为自己看着某个人比较熟悉而产生好感。在人际关系中，一个人在自己的眼前出现的频率越高，他越容易对其产生偏好和喜爱。当然前提是，你在对方心里没有不好的印象，只要对方对你的最初态度是积极的，那么接触越多，好感度自然越深。古人说的烈女怕缠郎也不无道理。

为什么会存在一见钟情这种听起来很玄妙的事情呢？而且应该也有不少人不相信一见钟情是真实存在于这个世界上的。

问卷调查结果显示，45%的人有过一见钟情的经历。于是，心理学家针对恋爱中的情侣做了一个实验；情侣互相深情地看对方的时候，他们的脑电波会产生大量的神奇多巴胺，并随血液循环流遍全身，引起充满爱意的感觉。原来，男人和女人把各自理想的爱情对象特征早已储存于大脑之中，这种印象在许多人的儿童时期就会开始，最早会受到父母家庭的影响，成长过程中也会不断接受外部因素的补充。

时间越长，脑海里的这张图会越具体。当某年某日由于某种契机你与对方第一次目光相触时，对方的信息通过你的视觉神经传给大脑，他的特征与你储存的图像存在吻合的地方，你的身体就会开始产生大量的兴奋物质，类似手心出汗、心跳加快等，这就是“一见钟情”。

再普通的人也有自己独特的一面，有些特质你可能自己没有发觉，或者不以为然，但只要肯挖掘和提升，你就有机会找到属于自己的独特魅力。吸引力只是一个门槛，但之后你们能走到哪里，能否走进婚姻的殿堂，靠的就不仅仅是吸引力了，还有更多的其他因素。

在这个物质发达的社会，很多人并不缺养活自己的生存需求，缺的是精神上的交流。要想在恋爱中吸引对方，你的生存能力固然很重要，你的精神素养有时往往更重要。如果你有丰厚的知识储备，知道怎么谈论对方感兴趣的话题，明白对方的需求，制造两人相处的乐趣，那么往往不用你费心，异性也会向你靠拢。

另外，就是要主动展示自己。现实忙碌的节奏里，大家都奔波于自己的工作和生活，要想引起别人的主意，你一定要主动。当大多数人因为害羞或者矜持不能勇于向别人表达自我的时候，如果你能克服自己的胆怯，在公共场合和异性面前展示自己的魅力，你吸引异性的可能性肯定会比那些孤芳自赏者更多。毕竟“孤芳”再好，终究是孤身一人。

爱情是留给那些一直做好准备的人的。如果你想要给你喜欢的对象留下不错的印象，就要做好每一天都会遇到一见钟情的准备，无论TA在不在。如果你一直这么想，那么就会在日常生活中有意识地把自己出色的地方表现出来。“君子藏器于身，待时而动。”这样一来，你才有机会吸引到你喜欢的那个TA。毕竟，当你和对方开始交流的时候，TA可能已经观察过你，对你有印象了。

所谓颜值，就是让人眼前一亮

有个网络热门的句子想必大家都听过：“爱情，始于颜值，陷于才华，忠于人品。”通俗点说，想要拥有爱情，先看脸，然后你的才华才有用武之地，最后看你的性格如何。在颜值就是正义的时代，在什么都看脸的社会，不管男生女生，他们对异性的判断标准几乎是一眼定生死，一眼看不上的，就永远看不上了。

颜值高的人，当然怎么看都觉得赏心悦目，可是这个世界上并非人人都是俊男美女，难道颜值不够高的人就不能拥有爱情了吗？爱美之心，人皆有之。人的外在没有绝对的美丑之分，先不说每个人审美趣味的差异、眼光不同，如果某人的气质出众，也会为他的颜值加分不少。不管是我们的恋人还是朋友，最初被颜值所吸引，并不纯粹意味着容貌。我们都知道相由心生，有些人其貌不扬，却有着非同一般的气场。拥有美好气场的人，除了让人觉得眼前一亮，还更耐看，让人更加着迷。

狭义上的颜值说的是五官和身材，这当中的90%是先天的，我们无法改变，但另外的10%却是我们可以优化，并且能起到很大的作用。五官这些除非我们借助医学科技的力量是很难调整，但拥有干净的皮肤也能让人心生欢喜。保持良好的生活作息和饮食习惯，避免长痤疮或者粉刺，这些我们每个人都能发挥主观能动性控制的。身材也是，做运动，练出一副好身材，这些是通过个人努力可以扭转的。试想，当你看到一个皮肤干净无暇、身材匀称健美的异性，难道不会偷偷多看两眼吗？

因此，如果外表普通的一般人，想要异性对你眼前一亮，门槛最低的方法就是选择适合自己的穿衣风格。俗话说人靠衣装，一套适合自己且能扬长避短的衣服是非常重要的。学化妆、懂搭配、健身，这些都做好了，相信你的自信心可以提高一大截，一个没有缺点又自信的人，绝对可以让异性眼前一亮。

广义的颜值则包含更多，最主要的就是气质。人类的基因排列注定我们的外表五官是存在相似的。但外貌可以相似，气质却可能独树一帜。无论是男生还是女生，能够吸引异性的从来不只是外表与自己的言行举止，更多的还是一种由内而外散发出来的气质与内涵。

在童话里，灰姑娘也有一个成为公主的梦。在现实里，不管多么普通的女孩，只要改变自己，提升自己，一样可以变得像公主一样光彩照人，让异性的眼前一亮。和对方第一次见面时，通过细小的地方，凸显自己的独一无二，也能给对方留下深刻的印象。比如一些小众有趣的爱好，或者仅仅是一个不一样的开场白，都会带给对方不一样的感觉。

在我们的固有想法中，让异性眼前一亮的只会是天使的面孔加上魔鬼的身材。虽然不可否认这样完美的人肯定让人移不开眼，但心理学表明，一个人留给对方的初印象里面，只有一半是和外表有关，另一半则是这个人的神情、举止、谈话内容等，综合起来就是个人气质。如果外貌无法改变，通过柔和、舒适的肢体语言和优雅、独到的话题见解来塑造第一印象，一样可以惊艳到对方。

好的外在形象毕竟只是表象，假如一个人空有其表，毫无内涵，那么外在的高颜值带来的视觉效果会随着时间降低重要性，这时候就会觉得这个人没有以前的那种吸引力了。

现在有个流行的词汇叫“高级感”，其实说的就是气质。生活中，我们总是会遇到这样的女生：无论走到哪里，她们总是能散发自己独特的气场，成为众人关注的焦点。许多人看过电视剧《欢乐颂》中的安迪，身居公司的高管，在其他同僚都一身奢侈品打扮的时候，唯独她是清汤挂面一般，简单的职业装，但人们聚集在一起的时候，安迪却是最亮眼的那个人。一个人的魅力，是从骨子里散发出来的优雅和从容。安迪本身有内涵、有自信，因此不需要过多的外在装饰物，她依然能展示自己。

除了提升气质，想要在人群中脱颖而出，还可以利用“反转魅力”。实际上，男人被女人吸引，很多时候并不是因为颜值，而是因为她的与众不同，而这种与众不同才会激发男性的进攻意识。这需要你先找到自己的优势点，再展示自己的与众不同。展示自己与众不同最简单的操作就是制造反差感，利用反转魅力让人眼前一亮。只要你能够展示出来，就能在短期内吸引对方。即便你不主动出现在异性面前，他也能在人群中一眼看到你。

每个人都应该适当地对自我进行投资，不管是外在的还是内在的。投资自己的外貌，让容颜“凋谢”得慢一点；投资自己的内涵，让气质成为吸引异性的“终极武器”。只要你持续地进行自我投资，就会时刻都让人感到自己还有很多闪光点没有被发现，每被发现一个新的优点，对方都会对你有新的认识，你在对方心中的形象和地位自然会越来越好。

如果你有爬山、游泳的习惯，尤其是攀岩、射击比较特殊的爱好，你完全在朋友圈里晒出你的风采。男人会根据你的这种形象，下意识地给你添加很多正面的优点，如积极向上、自律坚韧等。如果你擅长画画或者音乐的话，也可以向他展示自己的艺术作品，或者带着他去看艺术展览。相信当他看到侃侃而谈的你时，一定会觉得你是一个热爱生活且有艺术涵养的姑娘。再或者，如果你非常喜欢小动物，就可以向他展示你非常有爱心的一面了。

其实，不只是刚认识的异性需要维护自己的颜值，即便你已经在谈恋爱，甚至是步入婚姻殿堂，更加需要继续提升自己，保持新鲜感，才能让你们的感情始终燃烧着熊熊火焰，炙热而浪漫。比如，你平时着装是运动休闲风，忽然换一套修身优雅的小洋装，当你出现在对方面前的那一刻，一定会看到对方眼神亮起来的惊艳感。

我们不要再认为自己有多么普通，想要提升自己的颜值以吸引异性，还是有许多其他实操途径的，只是你没有踏出一步做出改变而已。毕竟一个人不会平白无故拥有一种东西，想让他人喜欢上自己，你就得有他喜欢的东西。相信只要做出改变，最后的结果一定不会让你失望的。

适当制造神秘，调动他的好奇心

有位情感专家说过：“有的人了解得太快了，就不爱了。”所以我们要知道，如果对方了解你了解得太快了，很多时候他对你的兴趣就会大大降低，会觉得你是一个很肤浅的人，也不想再和你继续了。

未知是对事物保持渴求与喜欢的动力，过于袒露和过分了解都会破坏我们的幻想空间。川端康成的《雪国》里就描写了距离产生美好幻想、距离破坏想象的典型。男主角第一次见到女主角的时候就被她所吸引，觉得身为艺伎的她是神秘又充满诱惑，居然仍会认真地坚持阅读，还会做读书笔记和练琴。

距离和想象空间为真实面目蒙上一层模糊的光环，像是遮羞布隐去其中不美好的部分，让男主角觉得这样的艺伎是神圣而不可亵渎的。最后却也同样是因为距离撕碎了那个光环，俩人在熟悉了解全面后，他发现艺伎不过是一个再普通不过的人，最后只能黯然地离开雪国。

所以，如果我们想要成为对方心目中始终念念不忘的白月光，爱而不得不是重点，给他充分的想象空间才是。说起这个，就不得不提之前大热的韩国恋爱节目《单身地狱》，红极一时但又迅速翻车的宋智雅，先抛开她因为假货翻车的事情不提，她在节目中对异性的拿捏实在值得各位去学习和观摩。

在两人单独约会的场合，不管对面的欧巴是谁，对方向她表明心意，并且向宋智雅索取反馈的时候，她虽然貌似已经表露心迹，但一定会在话语中留白，激发欧巴对她的探索欲。类似欧巴夸她可爱的时候，相信大部分人在这种情况下会害羞地低下头，一脸娇羞。宋智雅却相反，她带着从容自得的神情说道："这样你就觉得我可爱了呀？那你以后会被我迷晕的！"这句话的潜台词就是："我的可爱可不止现在这样，别以为我就只有这样，我还有其他方面你没有见过的呢！"拿出你的小本本，画重点：话要说一半留一半，给足想象空间，剩下的让对方自己去脑补。

普通女孩也可以学习这点，我们称之为"钓鱼"聊天法则，顾名思义，就像钓鱼一样，你需要先释放诱饵，让鱼儿上钩，而这个诱饵通常是能够勾起对方好奇心的东西。记得在放诱饵之前，一定要想好如何回答对方接下来的问题。

我们之所以会觉得一个人充满魅力，很大一部分原因是我们还看不清，对方的各种模样都在我们的脑海中盘旋。因此，当你好不容易有了心中男神/女神的微信，加上好友时，要注意经营自己的朋友圈，千万别天天在朋友圈里分享一日三餐、吃喝拉撒，事无巨细，生恐别人不能了解你是个怎样的人。这只会让对你有些许好感的人因此幻灭掉美好的想象空间。白月光之所以能成为白月光，其实就是因为像天上的月亮，遥远的距离，无法触摸，更加无法拥有，让人有了无限的想象空间，爱而不得。

但在制造神秘感这件事上，许多人存在错误的认知，认为“高冷”就是神秘。这不仅不能调动对方的好奇心，更多的时候，会让他们望而却步，然后对你敬而远之。他们最大的问题，就是把神秘感当成高冷，什么都不展现。每当有男生主动找你聊天，明明是自己擅长的话题，你会自己主动终止；明明对方风趣热情，聊天气氛高昂，你会选择用“嗯”“哈哈”这样冷漠的词来对话。你以为这样可以让男生对你更感兴趣，可没想到的是，久而久之，主动找你聊天的男生越来越少。

所以，神秘感并非全程高冷，什么都不展示，而是从你身上无意间向对方展示某一个美好的画面，继而让对方忍不住揣测你的整个模样。这个揣测的过程，才是制造神秘感的过程。它把你身上让对方意想不到的点，注意是好的方面，能够吸引他的方面，用一种有规划的、循序渐进的方式更好地展现出来。

一个人能展现神秘感的地方太多了，各方面都可以。比如，男生喜欢篮球、游戏、财经等领域，结果发现你作为女生居然也懂，也能聊上几句。又如在合适的时候，展现出你会打网球、弹吉他，甚至有擅长的手工本领等。当你之前给对方展现了一些后，对方会惊讶，表示原来你还有这样的一面。这时候你千万不要谦虚，说些什么“没有这么厉害”或者“只是会一点点”这种话，你可以说“我会的东西可多了，以后你就知道啦”，或者干脆俏皮地笑一笑，说“不告诉你”。这是留一个悬念的好机会。这样对方会越来越对你着迷，他的内心对你的好奇心就会增加。

但是如果你们已经成为长时间的情侣，处于完全理解的状态，他对你没有了好奇感。比如，你们谈恋爱的过程中，你都是活泼少女的阳光模样，那么这个时候，对方心里的你就是这个模样，你就可以在某个适当的时机，在他面前展现你与平时截然相反的另一面。

好比你们约吃饭、看电影，你可以穿上优雅或者性感的衣服，画上精致的妆容。或者反过来，如果你平时是温柔安静的淑女，也可以挑选个时候展现你的运动阳光，找上对方一起运动打球。总之，就是打破固有印象。当这个新鲜的你第一次出现对方面前时，他就会惊艳于你的美丽变身，不自觉地好奇起来：“原来她还有这一面？”

人类的本性都是对熟稔于心的东西习以为常，反之对越是神秘越是未知的空间，有很强的探索欲。不要将自己的事情100%地展示给对方，制造一些神秘感才会让对方心痒痒，尤其是在暧昧期引导对方关注你，在引发好奇阶段更要抓住这种心理，加大这种好奇，好奇心越大，他们的征服欲就越强。聪明人永远只说七成，留三成让对方揣摩和遐想，留有余地让对方捉摸不透。

我们每个人都有自己的闪光点、优秀点，首先要清楚地了解自己，才能发掘自己的优势和潜能。同时我们知道，因为不了解而来的神秘感是很短暂的，随着时间的推移、了解的加深，神秘始终有被看清楚的一天。所以，制造神秘感不能说谎和造假，否则等到了解的那一天，只会起到反效果。

你的若即若离，他的不离不弃

在爱情里面，付出与收获很多时候是不对等的。你在一段感情里面倾尽一切投入其中，最后反而会什么都抓不住。这都是由于人具有的一种劣根性。人们天生对那些“已经被我吃定了”的人和事记忆不深刻，就像陈奕迅的歌词“得不到的永远在骚动”。

假设你俩正处于暧昧期，当你陷入一种“掏心掏肺对他好”的悸动中时，你以为你的付出会让对方看到你的真心真意，会被感动，但残忍的事实却是往往会在无意中导致暧昧和恋情无疾而终。理由很简单，因为双方很可能出现一种付出与索取的不平衡感。

更倾向于奉献自我的那个人不断地付出，希望可以让彼此的感情更浓烈、更深刻。但问题是，过度地付出不仅会降低我们本身的价值，让我们失去闪闪发光的魅力，还会让对方把这种付出当作理所当然，觉得习以为常，不再产生被爱的珍贵和感动，从而慢慢降低情感触动。

怎么样才能让对方对你加倍珍惜、不离不弃呢？答案就是当你给他一种若即若离，看到却抓不到你的时候。例如在暧昧期间，你可以建立自己受异性欢迎的形象，不经意地透露："周末有人约我去听音乐会，可是我一听这个就容易打瞌睡，不知道去不去好，还不如跟另一个朋友去看电影呢？"只有他自认为还没有拥有你，才会加足马力追求你，这就是所谓的不可得性。在情感关系里，一个轻易就得到的人，一个让我们感受到"已完成"的状态，也会让我们不自觉地丧失兴趣。

下面运用日常生活中的实例来说明如何拿捏好"若即若离"的分寸。男女最初被吸引，暧昧渐生的美感就在于朦朦胧胧中你来我往的试探。微信聊天的话，一开始不要每天都聊，两三天的频率就很好。聊天情绪和内容上，回应热情一点，聊得深入一点，不要怕他不开心就一直陪着聊，你总要有自己的事要做。当你在工作的时候，要以认真的语气告诉对方你正在工作，不方便聊天，这样既能给他你是一个独立职业女性的形象，也能有正当的理由让你们保持距离。但等你工作完成，你可以主动热情地回复他原本问你的话题，让他不会觉得你对他完全冷淡。

日常聊天中，可以潜移默化地给自己营造一个高价值人设，提醒他必须付出足够的努力才能得到你的青睐。等到对方想要约你出来，假如你俩有共同的朋友，你可以爽快地答应他的约会，然后带上朋友，让他琢磨不透你的想法，内心七上八下地对你更上心了。如果在适当的互动后你觉得对方真的是你认定的人，你下一次就可以主动约他，单独见面。这样一来，有了上次多人聚会的铺垫，你的主动带他的惊喜会更多。

另外，要注意的一点是，不建议采取每天送花表白、孜孜不倦送早餐照顾对方这种死缠烂打的方式。除了过度付出以外，过于侵占对方私人空间会让对方感到压力，从而忍不住想要逃离。想要被人珍贵地对待，你就要学会放高自己的姿态，学会坦然接受别人对你的付出，从心底里不断地暗示自己——“我比任何人都值得”。

有个典型的反面教材分享给大家。日本有一部爱情电影叫《二十八岁未成年》，说的是28岁的女主人公和30岁的男主人公恋爱多年但迟迟未能走进婚姻殿堂。女主每天早起带妆给男友做早餐，对男友事事照顾周到，她一直等待着男主向她求婚，但一直没有等到，甚至主动逼婚都没能成功。男主说我们这样就很好，不需要结婚，伤透了女主的心。

我们这时会大骂男主是“渣男”，辜负了女主十多年的青春。但其实女主也要负责任，这都是女主纵容的结果：你已经让对方享受到结婚后可以享受到的一切，甚至还没有结婚证的捆绑。女主已经当了女朋友、保姆、煮饭阿姨的角色，十分完美，男主知道女主已经认定了自己，于是觉得自己不需要再付出什么，也不担心会失去女主了，何乐而不为呢？

女孩子尤其要记住永远不要流露出“我只有你，我认定你了，我是你的人了”这种情绪。制造不可得性，让他不能真正得到你。自带廉价感的女孩，最大的问题就是没有原则。我们都知道，卑微到尘埃里是开不出花的。先爱的人或者是更爱的人不一定会是低位，只有沉不住气、没有底线的人才会成为感情里真正的低位。这时候，我们想要对方重视自己，就一定要设定自身原则和底线，就是无论你有多么喜欢对方，首先得把气势摆出来，别一副“我害怕被你拒绝”的表情，而应该是“我很优秀，我的选择权很多”。

事实上，当对方发现自己只需用简单的海誓山盟就能轻松把你手到擒来的时候，为什么还要费其他功夫获取你的芳心呢？所以，其实很多人在爱情不被珍惜、不被重视，归根究底是因为自己太容易被糊弄、太容易满足了。

学会若即若离，就要善用推拉的技巧，只知道拼命地进攻会让对方更加逃避。推，是把对方从你身边推开；拉，是把对方拉向你。你可以理解为，推是让他难过，拉是让他开心。当你使用推拉技巧的时候，一进一退的方式很容易让人产生大幅度的情绪波动，会让对方产生忐忑不安的心理效应。他会一直猜测你到底对他是什么态度，到底喜不喜欢他。这样就制造你的不可得性，让对方忍不住来追逐你，如果你的推拉得当，男人将对你欲罢不能。

若即若离能够让你在对方的心目中占据关键的位置，让对方更加在乎你。不要把一段感情当成自己的全部，就不会患得患失，要能爱得起、放得下。当你拥有这股洒脱劲，何愁自己在感情当中不能游刃有余呢？通过让他产生患得患失的感觉，提高他对你的需求感，从而增加他对这段感情的投入。

如何聊天，才能使感情迅速升温

在这个世界上，会说话、情商高、擅长言辞的人很多，但不会聊天的人更多。聊天的实质意义其实是信息与情绪的交换。不会聊天，不仅在某些时候给自己带来不必要的麻烦，还会在感情路上不太顺畅。如果在聊天过程中只是一方单向地输出，另一方只是礼貌性回应，那么交流就有了阻碍，久之久之，变得冷淡是再正常不过的事情，感情的发展也会停滞不前甚至后退。

但问题是绝大部分人的本意并不是想要故意疏远关系，明明感觉对方对自己有好感，但是实在不懂得如何接话，如何展开话题，没聊几次就没有下文了，一段感情还没开始就结束了。其实，只要多花点心思，在开口之前在大脑里过一遍，了解、学习一些说话技巧，重要的是能够换位思考，试着从对方的角度理解对方，这样定能让对方对你产生好感，感情也能升温。

那么，我们怎么才能散发自己的魅力，让对方愿意和我们聊天，并在聊天中增进感情呢？简单来说，可以从线索法则、关键词法则两个方面入手，让聊天更生动有趣，从而让对方情不自禁地陷入爱情中。

线索法则，就是根据你能掌握到的对方的各种蛛丝马迹去搜寻线索。比如对方的朋友圈、微博里会包含各种有效信息，你找到任何一个线索，都可以抓住它展开话题。这个法则的重点在于利用对方的信息。正如《人性的弱点》这本书中提到的："人们最关心的就是与自己有关的话题。"故你和对方聊他本身，他自然会提起兴趣，你得到回复的可能性大大增加。如果你聪慧过人，能投其所好，这样会让对方产生你是他的心灵伴侣、知己的感觉，感情升温也会加倍。当然，我们要注意，用这种聊天方式的时候切忌一问一答，给对方一种查户口的感觉。

关键词法则，简单来说就是根据对方在聊天话语中透露的字眼扩宽话题，延伸出去，这样就能在很大程度上避免尬聊或者没有话题。

举个例子，当你问对方做什么的时候，如果他回复在吃饭三个字，不少人往往不知道这要怎样接下去，可能还在绞尽脑汁想别的话题。那么，此时如何能提起对方的兴趣继续和你聊下去呢？

从上面的信息看，关键词只有吃，所以你完全可以围绕吃展开话题。例如说："现在我都有选择恐惧症了，每天都不知道吃什么？你有什么常去的餐厅吗，让我也去打卡一下？”或者幽默一点：“一个人偷偷吃，这是点外卖还是自己做的？”……把通过关键词拓展出来的信息加工一下，然后以生动有趣的方式表达出来，不要总是毫无波澜的询问，尽量让聊天的情绪和氛围维持在活跃的状态。

这个重点就在于，我们不要觉得对方看似终结一个话题之后，于是就挠头抓腮寻找另一个话题，只需要从对方的信息中获取关键词，然后加以扩展，自然就有话可聊了。

这样你们之间不会没有话题，完全可以无限延伸，而且有滋有味。其实，往深层次上讲，聊天不仅仅是聊天，很多时候聊的是幽默，聊的是肚里的知识承载度，聊的是一种通过交流激发出来的情绪波动。

需要注意的是，你的聊天对象不是普通朋友，聊天内容如果一味地围绕日常生活，分分钟会让你们从情人变成兄弟。那如何深入地聊天呢？要多分享个人感受，宣泄情绪，这样才能让你们的关系比普通朋友更进一步。在适当的时机，可以主动透露你的一些无伤大雅的私人小秘密，引导暧昧的气氛，这样是可以直接拉进你们关系且让感情升温的大杀招。

上面是一些文字聊天的技巧，谈感情自然更多的是面对面聊天，这更加考验沟通能力。因为在面对面的时候，你们完全没有微信聊天时可以斟酌用词、思考的时间了。并且，当面聊天，除了谈话内容，你的语气、表情动作也十分重要。

首先，不管聊什么内容，你都要认真地看着对方的眼睛，这样对方才能感受到你是在意他的。其次，你一定要注意脸部表情和身体语言，可以微微把身体向对方那边倾斜，做出一副“你慢慢说，我在认真听”的状态。根据谈话内容注意适当的“共情”，比如对方说的是开心的事，你脸上也要带着笑意，对方分享的是沮丧或难过的事情，你也可以跟着不开心或是用手托腮，认真地凝视他。

在他说话的时候，你记得要时时给予回应，时不时地点头应和，比如“嗯、是啊、对啊”或者使用表达共情的短句，如“我明白你的感觉”，这样会让他觉得自己在被认同。这样的对话方式，一定会在潜移默化中加深你们的感情。要知道会聊天本身就是一种吸引力，爱情就是这样聊出来的。

另外，聊天内容可以更为深入，就是你不会在一般朋友面前展示的姿态。也许是可爱的撒娇，也许是有小烦恼的瞬间，也许是对某样东西的狂热喜好，总归不是你在普通社交里表现的那个平稳的自己。对方看到你在平时多人的聊天场合不会出现的一面，自然会觉得他对你是特别的，内心的满足感会大大提升。

不管任何的聊天技巧，有一个点始终是最重要的，那就是要懂得相互尊重。一方面，交流的时候，双方处于平等的地位，要学会认真地倾听对方的讲话；另一方面，每个人都有自己的隐私，你也会有不想让人探听的秘密，我们要学会尊重对方的隐私。即便已经是情侣关系，也不意味着你可以肆无忌惮地打探他的隐私。缺乏尊重的聊天，注定不会有好的结果。

其实，关于恋爱，除了外表的吸引、内在价值的吸引外，就是情绪价值方面的“沟通吸引”了。一句幽默的话能让对方情绪波动起来，一句饱含好奇的语言能调动对方的情绪让其产生浓厚的好奇心，一句投其所好的言辞能激起对方的情绪涟漪使其有一见如故之感。这就是语言的魅力，很多时候是妙不可言的。如果你能了解这一点，再加上真诚付出，配合有效的沟通技巧，不管是什么样的男生都会被你的谈吐所吸引，从而情不自禁地喜欢上你。

第 8 章 <<<

吸引力禁区，那些隐藏在亲密关系中的认知陷阱

没个性是从众的，有个性才是大众的

热播电视剧《老闺蜜》里有一段故事，讲述了一个初入职场的年轻女孩，因工作表现不给力，总是被上司不留情面地批评，心里很是憋闷。她急于出人头地，急于让别人承认她的能力，不慎误入了一家靠刷水军网络公司的圈套，顺从了网络公司的诡计，说自己在办公室里被总经理性骚扰。总公司派人调查，公司许多员工没能坚持自我判断，想着办公室内性骚扰这么隐蔽的事情人家女孩子都不顾脸面揭发了，有就是有吧！

总经理被停职，公司又派来了一个新的总经理。哪知，这位新总经理没有自己的见地，人云亦云，谁都不想得罪，下属说什么他都说行、都说好。结果公司被他弄得快倒闭了。此时，大家才想起那个雷霆决断，总是跟下属说不行、不行、你可能做得更好一点的已被停职的总经理了。

好在最后公司总经理在妈妈闺蜜女儿的帮助下成功洗脱诬陷，那家靠刷水军生存的网络公司就此被曝光、关门。

在这个故事中我们可以清楚看到没有个性从众的危害性。员工没有个性，人云亦云，差点儿逼走被诬陷的总经理。新的总经理没有个性，一切听大多人的意见，结果差点儿把公司弄倒闭。反观《老闺蜜》里那个有个性、有担当的总经理妈妈闺蜜的女儿是整段故事的亮点，正是她坚持自己的判断，不相信为人正直的总经理会做出骚扰女下属的事情，才能抽丝剥茧，最终找到证据，证明了他的清白。

著名心理学家古斯塔夫·勒庞在《乌合之众》中指出，群体形成最显著的初期特征是个人有意识的个性衰退。在群体中，个性会逐渐消失或被削弱，同一性吞没了个人的特异性，个人的无意识属性将取得主导地位。

勒庞所说的群体，更大意义上是指从众、失去个性、盲目、没有主断性意识的思想导向，并非指传统意义上的团体和集体。

盲目从众，丧失独立判断力的行为，在心理学中也被称为“羊群效应”。

羊群效应会导致自我迷失，做事不从自我需求出发，不从实际情况出发，人云亦云，在投入大量的时间和物力成本后收获得到的东西并不一定是自己最需要的。

比如，在《老闺蜜》的故事中，那些跟风说总经理性骚扰的员工，之所以这样做，只不过是为了不被其他同事排斥，大家都这样说，我不这样说，人家会不会以为我也是“色狼”呢？他们害怕被同事孤立，工作不保。然而，最终，他们得到的是良心的不安。

公司在没有领头人后差点儿倒闭，他们原本安稳的工作变得非常不稳定，公司都没了，哪里来的岗位呢？

这就是从众给人带来的伤害。然而，更致命的伤害是，没有个性的从众，会降低人与人之间的差异性，让你丧失竞争优势。

所谓个性，是指决定个体外显行为和内隐行为并与他人形成稳定区别的综合心理特征。说得更直白点儿，个性就是在茫茫人海中区分你和其他人的显著特征。

个性是最具魅力标识的名片，从某种意义上讲，它是成就一个人具备独立性、唯一性最重要的条件。

试想领导开会，向大家征求可行性建议，你说的和别人说的差不多时，领导会不会认为他的公司养了一个白拿工资的闲人。

如果在一个企业中你做事情的方式和方法和同事差不多，对于企业绩效的提升没有丝毫亮点，晋升的时候你晋升的机会会大过同事吗？

最重要的是，真理有时候只掌握在少数人手中。盲目从众，不但不能追求到正确，反而会和大多人一起陷入错误中难以自拔。

在《老闺蜜》讲述的办公室性骚扰故事中，从众的绝大数员工被这个初入职场的小姑娘给骗了，只有妈妈闺蜜的女儿一人是对的。她没有和其他人一起随波逐流，最终拯救了一个年轻总经理的声誉和前途。当然，小姑娘迷途知返，也应该被我们称赞。

盲目从众，是一种人云亦云、随波逐流的行为。人一旦陷入其中，很容易被群体性的心理暗示影响，想着大家都这么做，我这样做也一定没有错。

这样做真的没有错吗？

不，起码《老闺蜜》中的员工都做错了。

由此可见，避免做一个没有个性且从众的人是十分必要的。想要赢得成功，请坚持个性，做一个独立的人吧。

如何坚持自我，做一个有个性的人呢？

1.我们要相信自己，不要高估他人，也不要低估自己，要相信自己的判断和坚持。

2.我们应该时刻警惕，不要被别人的言论和行为左右，保持自己的个性。

3.不要太在意别人的看法，人确实是活在群体中的，但是要记得，生活是自己的，日子也是自己的，一个人只有一辈子，我们不应该和别人活成一个样子。

4.要做有个性的人，一定要有正确的底层逻辑，个性不是任性，它需要有正确的底层逻辑做支撑，真、善、美应该被纳入个人的底层逻辑。

一个人能保持独立的个性时，他不但有辨识度，也更有才能，更具创造性，因为他不愿和别人一模一样，这就迫使他不断创新、进步。自我独立的个性也能帮助他在艰难时刻坚持自我，坚持走把正确的道路。

独立不是独立特行，它是保持自我思考的能力，是有独到而敏锐的见解的能力，是可以坚持自我的能力。当你真正拥有独立的能力后，你才能真正成为有个性的独立者。

在现实社会中，我们一定要保持自己的独立性，千万不要被大多数人的言论和行为左右。保持独立思考的能力，你才知道什么是自己真正需要的，什么是合适自己的。在大多数人盲目跟风时，我们更要学会理智，用自己的逻辑思维辨别事情的真伪，坚持自己的个性，从而成为这个世界上总占少数的赢家。

走得太近，不如问候得勤

曾仕强讲过这样一个故事：

一个年轻人跟自己的领导走得特别近，不论领导干什么，他都紧紧跟随着领导。年轻人觉得自己跟领导的关系这样好，肯定晋升有望。

可不承想，过了好长时间，自己身边的人都升职了，就剩自己久久不能晋升。他很烦闷，于是就问曾教授自己为什么不能升职。

曾教授听他说完事情的全部经过后大笑，你这样的人怎么可能升职？领导干什么你都跟着他，上KTV唱歌你也跟着他，领导唱歌唱得不好，你还在旁边助唱，本来大家没有觉得领导唱得有多不好，你往旁边一站，好了，大家都知道领导唱得不好了。于是领导想，你跟着我干吗？你就不能上个厕所吗？真的是烦死了，还升你职，你想都不要想。

曾教授讲的这个事例清楚明了地告诉我们，人际交往走得太近，不如问候得勤。

第一，我们应该清楚“郝曼式”领导规则。此规则是说，领导要想在企业树立威信，就必须得到绝大多数成员的认同和尊重。如何让大家认同和尊重呢？最好的方法就是领导比其他员工更严格遵守团队的习惯与规则，我们把这一行为通俗解释为以身作则。由此可见，领导并不如我们所想，是团队和企业中最自由的人，相反他是被约束最多的人。

当我们懂得这个理论后就能明白，给领导一个独处的空间，不要跟领导走得太近是多么重要。如果你时时都跟着领导，那么领导就一刻放松的机会都没有了。试想，如果你是当事人，你能接受这样的状态吗？估计你会疯掉，同理，领导也不想疯掉。

所以，相处的最好方式是要有一定距离的，千万不要跟领导走得太近，该躲开时就躲开。

第二，相处得太近，彼此过于熟悉，你很容易知道对方的所有缺点和小秘密。这样的相处，会让他人没有安全感，从而对你产生敌意。

看过《红楼梦》的人，都应该记得葫芦僧判断葫芦案的故事。

薛宝钗的哥哥薛蟠为了争夺英莲失手打死冯渊，冯家人告上公堂，才上任的贾雨村不知道薛家势力强大，装作一副要伸张正义的样子，下令捉拿薛蟠。

正巧公堂上的衙役认出贾雨村是自己当小沙弥时住在葫芦庙里的穷书生，于是借机与贾雨村套近乎，拿出一个本省的

“护官符”，细讲了薛家与提携贾雨村做官的贾家的关系，又言王家和史家跟薛家也有联姻，是一荣俱荣、一损俱损。

衙役讲完这些还不算，又说英莲是当年有恩于贾雨村的甑老爷之女。贾雨村听闻，心中一惊，却仍正言道不能因私枉法。衙役为了讨好，此时又贴心地劝道，趋吉避凶者为君子。最后，连同如何断案都替贾雨村想了个万全之策。

谁料，这样贴心亲近的操作并没有赢得贾雨村的好感。贾雨村生怕行事如此周密的衙役以后居功自傲，对人说出他当年借居葫芦庙时的贫贱之事，最终寻了他一个不是，打发得远远的。

显然，这个当了衙役的小沙弥有小聪明，却少大智慧。

贾雨村此时已身居高位，再也不是当年的穷书生。然而，他贫贱之时受惠于甄士隐，在富贵之后却不能以德报恩，把英莲强判于薛蟠的做法为世人所不齿。这样阴暗的事情，贾雨村又怎么会想让人知道？

诚然，世间像贾雨村一样内心黑暗、手段毒辣的人并不多，然而，每个人都有缺点，都有不想让人知道的小秘密。不要跟他人走得太近，给对方空间感，才能给对方安全感。走得太近，不利于人际间的正常交往，相反还会在人际交往中设置很多障碍，让自己在无形间被人讨厌。

如果你跟一个人走得太近，你会不由自主地干涉他人的生活和工作，你觉得是出谋划策，在他人看来或许是乱上添乱。

保持距离，才能让独立的人有独立的空间，让别人对自己的生活有更多的掌控。

第三，在心理学上有一个有趣的现象，那就是人们总爱把身边那些与自己地位和实力相当的人当作对手。

不要跟他人走得太近，太近会让彼此更看清对方，容易就彼此的状况进行比较。这种比较的结果，在很多时候是竞争的潜意识行为。你过于亲近的行为，反倒让别人把你当作竞争对手。

第四，1958年，海德在著作《人际关系心理学》中曾谈及归因理论。人在生活和工作中，很容易把自己的成功和失败归因于所处的环境及与之亲近的他人。

比如，孩子考试考得很好，我们容易认为是家长在家督促得好，是教师在学校教得好，反之，则会对家长和教师产生质疑。

如果你和一个人走得过于亲近，那么很容易被他纳入自己所处状态和成绩的因素。如果对方正在进行的事情正朝着好的方向发展，你或许会得到对方的好感，但是如果事情走向不好，你也极易被他人反感甚至讨厌。

相反，在人际交往中，如果你能做到问候得勤，则有意想不到的效果。

问候代表着我们的牵挂和重视。这种有距离感的问候，不会对他人造成过于亲密、没有空间感的压迫和压力，会让别人更舒服，更容易接受。

勤问候是一种连贯性的交往方式。

人总在不停变化，不论是年龄还是外貌，不论是生活状态或是工作状态，勤问候能让彼此在不断变化中保持较为紧密的联系。

人与人之间的交往，最忌讳的就是小沙弥试图靠近贾雨村的交往，你在别人上升、进步的漫长时光中一直缺席，别人功成名就的时候突然去亲近，很难不让别人反感，不让人家对你产生戒备，认为你有所图。

如果你真心与他人交往，就不要顾及他人的职位和身份的变化，做到勤问候。这种连贯性的社交方式，才是收获真心的最好方式。

当然，走得太近，不如问候得勤，它是更适用于普通朋友、同事、同学、客户等之间的交往方式。对于家人和最亲密的爱人，我们还是应该给予更多的守护与陪伴。

别被说服术洗脑，要允许别人拥有自己的观点

三国时期发生了这样一个很有意思的小故事。

孙权爱才，想让诸葛亮跟随自己，称霸天下，于是派自家大臣诸葛瑾前去劝说。

诸葛瑾听闻甚是欢喜，他和弟弟诸葛亮的感情极好，多年来却因各为其主，一直是聚少离多，如今要是能说服弟弟归顺东吴，自己就能跟弟弟朝夕相伴了，想想真的是人生美事一桩，于是欣然前往。

诸葛亮看到哥哥亲往自己帐下，十分欢喜，两兄弟相谈甚欢。诸葛瑾刚想言归正传，把孙权交代自己的事情给办了。聪明的诸葛亮便明白哥哥此番前来的用意，于是反劝哥哥归汉，诸葛瑾对孙权十分忠心，自然不肯答应。好在诸葛瑾也十分聪明，便不再试图说服诸葛亮，两兄弟把此事扔下，接着把酒言欢。

诸葛亮、诸葛瑾兄弟生逢乱世，又各为其主，但综观其一生，都能尊重彼此的观点和选择。如此这般的相处之道，使得

他们之间的兄弟情谊，从未因世事变迁而变淡。

由此可见，允许别人拥有自己的观点，不要总想着说服别人，对于建立良好的人际关系有着举足轻重的分量。

为什么不要总是试图说服别人呢?

第一，对于说服，我们必须要有清醒的认识。人之所以要说服别人，很多时候并不是站在别人的立场为别人考虑，而是为了证明自己是对的，或是想要获得别人的认同、理解和支持。

说服是一种非常自我的行为，和情谊是背道而驰的。

诸葛瑾想说服弟弟留在东吴，是为了自己与弟弟朝夕相处，他当时并没有考虑弟弟的人生抱负和实际心愿，只是主观地从自我需求的角度考虑这件事情。当弟弟诸葛亮劝他归汉时，他才发现从自己的需求面去说服弟弟归顺东吴，并不合乎弟弟的心愿。好在诸葛瑾非常聪明，及时制止可能让彼此产生嫌隙的劝归说服。

人的心理机制中，有减少不悦的心理冲动，也有寻找快乐的心理诉求。当你进行的事情让他人感动心理不悦时，他人会本能地拒绝并逃离，一旦对方产生这样的心理冲动，你们之间原本良好的人际关系就会出现嫌隙。

第二，说服是一种攻击行为，被说服的人将有一种挫败感，他会感到自己的观点和思想在被别人重新架构时自己是那个被侵犯的人。于是，你越是想说服他，他的抵触情绪越深。

要知道，一个人的观点和想法、行为和立场是他长期以来受到社会、生活、环境的影响总结而成的经验及偏好的选择结果，是他人主观意识的体现。

我们从上面的故事可以看到，即使是亲兄弟，诸葛亮在感觉到哥哥试图说服自己归顺东吴时也马上开始反抗：你劝我归顺东吴，我先劝你归顺大汉。

卡耐基在《人性的弱点》一书中说，永远不要与人争论，试同说服别人，即使你有再充分不过的理由。

第三，如果你想说服的人与你不在同一认知层，那么，你的说服简直就是浪费时间。

1.不是每个人都有诸葛亮这么高的情商，会用如此婉转的方式回绝你的说服，有的人脾气很直、很暴，你说服他，他不听，可能就和你吵了起来。

2.由于每个人的生活经历不同，个人立场不同，人生抱负也不同，你认为珍贵的、重要的，对于他人或许是可以无视的，根本就不在乎。人们更倾向于自己愿意相信的事情，而不是对方愿意让自己相信的事情。这样的说服是毫无意义的，不如选择包容。

一次，著名美学家蒋勋陪同一位世界五百强企业的总裁去希腊阿波罗神殿遗迹参观。阿波罗神殿由于工程过于浩大艰巨，一直都未能完工，但是这并不妨碍它成为希腊最著名的景观之一，尤其是神殿那几根石柱更为雄浑、壮观，已经成为希腊的标识之一。如此颇具美感的石柱，在美学家蒋勋的眼中是绝美的象征，是历史的记忆，是包裹着沧桑岁月的实物。然而，在企业家眼里，花了好几小时就只为来看几根“破柱子”简直太浪费时间了。于是，蒋勋试图用品牌和标识的象征来说服企业家不虚此行。蒋勋说，这几根柱子就是企业家通常所说的品牌，所有受到希腊文化影响的西方国家，都在参照神殿的柱子建立自己的国会大厦，不论是美国还是英国。

然而，企业家仍旧不能理解。于是，蒋勋不再吭声，因为他知道他们的认知完全不在同一水平线上，与其争论不如包容。

蒋勋也好，诸葛谨也好，都是聪明的，他们深知就算一时间说服了对方，也会在某种程度上对他人造成挫败的感觉，让他人对你产生距离，这样的说服简直得不偿失。与其说服，倒不如包容、理解他人的想法与观点。

不要试图去说服他人，尤其是处在婚姻殿堂的伴侣和你最重视、在乎的亲人及朋友。

美国心理学家哈利提出，每个人的心里都有一个情感账户。你每次为对方做一件让他开心的事情，他就会在你们的情感账户中存款，反之则是取款。如果你总是试图说服对方，让他人遵从你的想法，那么无疑是一次又一次地拆解对方的认知和自信心。当你把对方对你的好感全部消耗殆尽，那么，你们的关系必然走向尽头。

由此可见，理解他人，让别人拥有自己的观点，是维护良好人际关系的重要举措。

当然，不去说服，并不代表不表达，更不代表闭口不言。

诚然，有沟通、有交流，才能维系人与人之间的交往关系。

对于一件事情的认知，你完全可以表达自己的观点及看法，也可以把自己的观点和看法与他人诚恳交流。但是我们一定要记得把握度，只需把自己的观点和理由充分表达即可，完全没有必要说服对方跟自己持同一观点。就像蒋勋一样，把自己的想法说给对方听即可，一定要持有一颗宽容的心。

因为这个世界上，没有一个人是容易被他人说服的，能改变他的只有他自己。再说，世界上有一个自己已经很好了，我们为什么非要把自己的观点和思想强加于人，再塑造一个思想与自己一模一样的人呢？

最后，如果有人正试图说服你，你不妨用诸葛亮的方法，把这个问题反抛给对方。当对方不能接受时，他自然而然就知道不该再继续说服你了。这不失为一个好办法。

如果人人都觉得你很聪明，你的吸引力接近于零

心理学家就智力与吸引力的关系做过一系列实验，结果表明，虽然大家都喜欢聪明的伴侣，但是如果伴侣过于聪明，吸引力反而下降。

这个实验是不是有点儿颠覆你的认知。从生物遗传学的角度来看，人们应该更倾向于寻找一个更为聪明的侣伴，只有这样，后代才有机会获得更高的智商，更有利于生存竞争，然而现实是，越是聪明的人，对于异性的吸引力就越低。

为什么会这样呢?

其实，人是一种很现实的社会性动物。我们在寻找伴侣或是朋友时，都会考虑现实成本的问题，也就是我们的付出能否最终与对方建立稳定而稳固的关系。如果对方在你看来过于聪明，你就会从心底怀疑，自己到底能不能和他建立良好而稳固的关系。如果内心对此没有太多的把握，人们就很容易退而求其次，另选一个能hold得住的人交往。

聪明在现实中的定义，包含拥有更多的方法和能力。人们

会觉得很聪明的人，可以一眼看透事件中隐藏的某种隐匿的东西，也能轻易看穿对方的心思。

你千万不要被对方口中的你不知道我想什么所迷惑，对方需要的是你的理解，而不是你一眼看穿他所有的心思，让他赤裸裸地在你面前袒露所有。

这就是为什么你越是表现得聪明，对异性的吸引力就越低。

聪明得益于一个人的智商遗传，也得益于一个人的学识见地，更得益于生活经验的积累。聪明是我们无法改变的，这是上天恩赐予我们的智慧。我们无法改变自己的聪明，但可以借鉴古人的智慧，做大智若愚的人。

我们需要知道，人人都觉得你很聪明并不一定是你真的很聪明，这种聪明在很多时候只是一种聪明外露的表象。千万不要让人人都觉得你很聪明，这样的聪明会给你带来数不尽的烦恼。

1.我们与他人往往既是合作关系也是竞争关系，当人人都觉得你很聪明时，那么，他人会下意识地感受到潜在的危机。与你处于竞争关系的人，会用十二分的力气面对你，因为他觉得属于他的东西会被你很轻松地掠夺走，于是他会竭尽全力与你对抗。欧内斯特·海明威（Ernest Hemingway）说过："聪明人的幸福是我所知道的最罕见的事情。"生活本就艰难，当你的聪明无意间激起那么多的对抗，幸福能够光临是足够罕见了。

看过电视剧《知否》的人，都知道盛家明兰、如兰和墨兰虽为姐妹，却不是一母同胞，三个人在闺中时就内斗不断。如兰虽不喜欢明兰，可是却愿和明兰相交，偶尔还会跟她说说真心话，但是对于墨兰自始至终都是满腔敌意，一万个看不上眼。

除了墨兰本身心术不正外，与她过于表现，试图打造成盛家最聪明女儿的人设，也有极大的关系。反观盛明兰虽聪慧过人，但在母亲去世后，便渐渐懂得了大智若愚的道理。她收起锋芒、略显呆笨的样子，让如兰没有什么压力，于是更愿与之亲近。

2.与你处于合作关系的人，也会因为你外显的聪明倍感压抑。他害怕无法平衡你们的合作关系，害怕在合作中不能取得主动权，从而丧失利益所得，这会令他人感到不安。当然，没有人喜欢自己成为那个比较笨的合作对象。你太聪明，只会让他人选择远离你。我们都知道，人是群居动物，注定要生活在集体中，如果一个集体中大家都对你敬而远之，你将得不到友谊，得不到帮助，得不到快乐。

3.心理学对社交孤立起源进行过专门研究。研究的结果是，当你和身边的人有着明显的差异时，当你觉得自己和别人有着明显的不同时，你很容易陷入社交孤立。这是因为，人们更喜欢和自己比较相近和相像的人相处。当人人都觉得你很聪明时，他人会觉得自己和你有着明显的差异，会主动排斥你，使你被孤立。

4.当人人都觉得你很聪明时，他人对于你的期待值就会被拔高。当你不能满足这个超高的期待值后，人们就会觉得你也不过如此，从而对你产生鄙视的情绪。

5.我们需要知道直木先伐、甘井先竭的道理。当人人觉得你很聪明时，他人不一定愿意与你深交，但是所有的人一旦遇到事情，第一个想到的就是你，因为你足够聪明，肯定能帮助他。

三国时的诸葛孔明，就是被人公认的聪明人。诸葛孔明为了蜀汉鞠躬尽瘁一辈子，蜀中大大小小的事情，他都一人决断，凭借一己之力为蜀汉撑了几十载，然而到最后，竟落得个疲累而亡。整个蜀中到了后期，竟连一个才干卓越的大将都找不出来，只好让廖化做了先锋。如此结局不能不谓之悲凉。

诸葛孔明之所以声名远扬，让世人尽知其聪明，是他自己的理想、抱负，身处军师的位置造成的。

如果我们没有孔明先生的才干，担不起那么重的担子，就应该收起锋芒，懂得藏拙，做个大智若愚的人。只有这样，才不会让人对你产生戒惧心理，放弃与你竞争的念头。当人们觉得你没有伤害力时，才会从心底与你亲近，就如同如兰最后把明兰当成好友，把自己和书生一见倾心的小秘密都说出来一样。

大智若愚还能减少来自外界的压力，降低对方对你的期待值，给你营造更为宽松的外部空间环境。此时，当你做得足够好时，一定会很大程度上超过对方的预期，从而让对方对你产生更大的好感，拉近彼此间的关系。

明代学士吕坤在《呻吟语》一书中说，愚蠢的人，别人会讥笑他，聪明的人，别人又会怀疑他，只有看起来既聪明又笨的人，才是真正的智者。

真聪明的人从来都是大勇若怯、大智若愚的，他们从来不把聪明外露，不给他人带来压迫感和不适感，表面上看着平平常常、普普通通，甚至有点儿过于平凡，但是他们内心洞若观火，看得清、摸得透、活得明白，懂得藏拙，懂得收起锋芒，让他人过得开心，让自己过得舒服。

让人觉得你很优越，而不是很有优越感

作为个体来说，我们都需要有能够支撑自我价值的东西，无论是真实的还是虚幻的。心理学研究指出，每个人想要维持自己的心理健康，必须提升自尊心和自我优越感，才能对自己充满信心、对未来保持乐观的态度。一旦失去这些，我们很容易感到自卑甚至抑郁。

在合理适当的范围里，充满自信地展现优秀的自己可以获得周边朋友的认同与赞赏，提高在朋友心目中的地位和价值。同时，物以类聚，人以群分，还能吸引同样优秀的人聚拢在一起，形成一个高质量的朋友圈子。

但在展示自己优秀的时候，注意要在适当的场合、适当的时间，切忌不能以自我为中心，或者采取拉低别人来抬高自己的做法。因为这样，你就会不知不觉中把朋友给得罪了，甚至不知不觉中和朋友拉开了距离，跳入一种爱炫耀的陷阱当中。因此，你应该学会让身边的朋友觉得你很优秀，而不

是很有优越感。

许多人出于人性本能，有着追求优越的心理需要，在社会奋斗的过程中满足自我价值实现的优越感，比如财富、社会地位、出色的外表或者一项特别优秀的技能。每个人都可能有不同程度的在某些领域的优越感。这种优越本身没有问题，有问题的是展示优越的方式。不知道你有没有发现，生活中那些人缘差的人大多习惯以自我为中心，言谈中喜欢占上风，办事时喜欢为难他人，从来不考虑别人的感受。

具有优越感，其实是一件很普遍、很符合人性的事，区别只在于人应对的方式。有些人言过其实，骄傲自大，自以为是，形成秀优越感的坏习惯，将优越感摆在脸上，总以一种“你不如我”的态度。这种习惯十分不利于与身边朋友相处，打造亲密关系。

人人称赞的西楚霸王项羽，武功高强，本身也十分优秀，身边拥有一大批能文能武的将领，但项羽平时总以楚国贵族公子的身份自居，自身的优越感过于浓烈，从而无法得到身下将领的衷心拥护，导致在楚汉战争中将领出逃、兵败城下，只留下了一出霸王别姬的悲剧。如果项羽收起自我优越感，平等、谦虚地对待身边的每一位将领，和他们成为亦兄亦友的紧密关系，那么在战场上定能团结一致，战无不胜。

清朝雍正年间，有人推荐“布衣奇人”江水入朝为官。但是在皇帝召见时，江水由于过于紧张甚至打起了哆嗦，不能对答自如。于是他推荐了他的学生戴震。见到口若悬河、条理清晰又才能突出的戴震，雍正帝十分兴奋，问戴震他与他的老师江水相比，谁的才能高？戴震回答他的才能不及他的老师江水。雍正帝再次问，为什么他的老师水平高反而不能回答。为什戴震十分敬重他的老师，回答说他的老师年迈，耳朵有些背，可其学问远在他之上。雍正帝十分赞赏戴震的谦逊精神，便让他做了翰林学士。

一个人越懂得尊重别人，越容易赢得别人的尊重。做人千万不要给自己制造优越感，如果你真的优秀，不需要自卖自夸，时间长了，在日常待人接物、做事的过程中，朋友自然会知道你的优秀。不要有自我优越感，因为自我优越感就是一剂毒药，你的人际关系服下了这副毒药就会走向反面，使朋友对你敬而远之。

千万不要仗着自己的家庭优势就喜欢对朋友说一些彰显财富或家境的话，显得自己有优越感。这是一种非常低情商的行为，爱炫耀的、过于骄傲的人，通常都交不到真心朋友。真正懂得在朋友之间摆低自己的姿态，降低自我优越感，与大家平等相处，保持谦虚和蔼的态度，才能团结好周边的人，慢慢地，你也能够得到大家的认同，朋友才愿意跟你为伍。

朋友之间交往相处，最重要的是什么？当然是互相尊重、平等。其实，需要我们克服的、避免的，不是这种“我比朋友们优越”的感觉，而是因为优越感便自觉高朋友一截的想法。想要觉得自己比别人优秀本身并不是坏事。心理学家阿德勒最初提出“优越感”这个概念时，甚至认为这是每个人追求的目标。他认为，优越感本质上应该是一个人对于自我能力和成就的自信，而不是对于他人的俯视和不屑。

只是现在生活中，我们所能看见和感受到的优越感，往往建立在贬低他人的基础上。有些人可能在某个方面能力特别突出，借此鄙夷那些比不过他的人。这种想法已经超出“我的能力比对方优秀”的比较，而进入“对方很差劲”的评判。

有些时候，我们会发现自己也不自觉地陷入通过贬低他人获得优越感的陷阱当中，可能受到周围秀优越的人的影响，也可能是生长环境造成的。这种习惯往往并非我们故意这样想的，但一旦开启这个念头，就十分容易越踩越深，因为它限制了我们看待别人的眼界，使我们的交际圈越来越窄，身边的朋友越来越少。

为了避免陷入这种陷阱，首先要学会关注别人比自己优秀的部分。我们需要时不时地提醒自己，有意识地观察和发现身边朋友的优点，比如练习记录周围每个人至少一项优点，给予朋友肯定和赞扬。奥黛丽·赫本说过这样的话：“最美的语言是赞美的话语，最美的人是面带笑容的。”对朋友给予肯定能最快地拉进双方的关系。你对别人亲近，融入身边的人和事当中去，别人才更能感觉到你的与众不同。

多关注身边的朋友，优越感不是自己感觉到、说出来的，而是让别人心服口服的。我们要懂得炫耀对自己没有好处，更不会让自己进步，反而成为影响朋友关系的不良习惯。不秀优越感是一种素养、一种智慧，更是一种高情商。

帮人不讲方法，可能多个仇家

民间有句俗语是“斗米养恩，担米养仇”，在描绘人性方面，没有比这句俗语更深刻的了。这句俗语揭露的意思是，这个世界上，总有很多“滥好人”，因为不懂得人性的贪婪，总是不断帮助对方，而贪婪是永远无法得到满足的，有了三餐温饱想着大鱼大肉，有了大鱼大肉又想着龙虾鹅肝，无家可归的人住上铁皮房就开始想住进公寓，住进公寓又期待豪华别墅，就连古代的皇帝享尽荣华富贵、天下权力在握，也依然贪婪地寄托在“仙丹”上，想要长生不老。

所以说，明智的人帮人于紧急危难的时候，但千万不能帮人一辈子。别人陷入困难走不出来，身为朋友自然应当施以援手，但搭把手拉上来就可以了，切不可让对方产生依赖心理，因为你不可能满足对方无止境的要求。但只要你中断帮助，对方就会记恨你，这样的话，帮人帮成仇，你不仅成不了别人的恩人，还给自己多制造了一个仇家。

春节期间大热的电视剧《人世间》，片里的许多角色能在现实中找到对照，因此男女老少都爱看。其中光子片周家幺儿——周秉昆的角色刻画得深入人心。他为人憨厚老实，对朋友、家人一腔热血，十分热心，朋友、家人有什么困难，他都可以说能帮就帮、能扛就扛。

但是在周秉昆无私付出后的结果是什么呢？周秉昆在搬出光子片的时候，把老家让给发小肖国庆两口子住，因为他们家过于困窘，还安排了吴倩到公家经营的书店里面工作，虽然没有编制，但也是人人羡慕的体面又稳定的工作。按照常理，肖国庆夫妇应该对周秉昆心怀感恩，不仅解决了居住问题，还帮忙提供了工作。但没想到他们接受了周秉昆的两次帮助后，吴倩要求周秉昆把失业的丈夫肖国庆也拉进书店，因为他们是夫妻关系，同时在书店工作是不符合规定的，因此被周秉昆拒绝了。但吴倩因此和周秉昆闹了起来，她认为自己家里条件这么困难，周秉昆必须帮忙才行。

这说明了什么？除了吴倩夫妇自私的心态以外，也是因为周秉昆为他们想得太多，给的帮助也太多了，反复给予他们各种帮助，造成他们夫妇产生依赖心理：不管出现什么问题，都找周秉昆来解决。好好的善意帮助，变成必需的付出，一旦周秉昆没有做到，他就被认为不是朋友了。20多年一起玩耍长大的好朋友，就这样反目成仇。

做人，当然应该做好人，但应该是有原则、有主见的好人。因为贪婪的人心是永不满足的，所以对他人的帮助、扶持、馈赠都不要一次给予过多，而要留有一定分寸。就是说，在别人面临困境无法自救的时候，你伸手拉他一把，他会感激你一辈子。而像吴倩他们一家，吴倩有手有脚，而且还年轻，自己本来就能够在外面找到一份工作。如果是别人能做到的事，周秉昆又何必当老好人主动插手呢？最后还讨不到好。

这个世上总有些人不是没有赚钱的能力，更不是没有足够的时间，可是却总是想通过找人帮忙，借助朋友的钱、朋友的时间完成自己的私人事情。很多人因为面子，对朋友是有求必应，结果是自己耗时耗力耗财，而朋友未必能知恩图报。施恩太过，也会让另一些人产生沉重的心理负担和压力，严重的话还可能变成一种羞辱感，觉得你帮助他是看不起他，那么会引起反效果，甚至导致你们反目成仇。这都是“滥好人”的通病。我们可以帮助他人，但千万不要把自己当成“救世主”。

除了不能没有原则、没有底线地去帮助朋友外，还有其他要讲究的地方，也是要千万注意的。

一是帮助朋友不要显露勉强的态度，一定要心甘情愿，哪怕你最开始不愿意帮对方的忙，但只要答应了帮忙，那就要认真去做。假如你显得很勉强，好像无可奈何才帮忙的，这样别人是容易发现的，你帮的这个忙也得不到别人的感激，只会让对方心生怨气。因此，帮忙要是自己心甘情愿的，才是正确的心态。

另外，在自愿帮忙的时候，也不要带着施舍的态度，这是不尊重对方的表现。切忌不能有帮了对方的优越感，不要拿帮别人的事当吹嘘自己的谈资，到处张扬。而且，帮忙要注意分寸，帮助他人的时候，不要帮得太明显。也就是说，最好既让对方感受到你的关心和帮助，又不会伤害对方的自尊和面子。否则，就有可能因为自己帮忙的方式不对，不仅把帮助别人的恩情给抵消了，甚至有可能让对方产生怨恨之情。

只有正确的帮忙态度才能使对方感激在心，在你需要的时候对你予以报恩，并且收获到真正的友谊。

二是不要不区分对象地给予帮助。有的受助者是暂时出现困难，只要有人拉一把就可以脱离困境，他本身是有积极的心态的，那么施助者就会成为向上拉他一把的手；但有的受助者仗着自己困难，放弃自主努力改而向他人乞讨，甚至以道德绑架施助者，一旦对方终止施予就会指责其为“假仁假义”，《人世间》的吴倩夫妇就是这类人。面对这样的受助者，想要给予帮助的时候一定要慎重。你不可能拯救全世界，所以凡事但求无愧于心，尽了自己绵薄的力量就足够了。

三是不要在对方没有向你求助时自作主张去帮忙。有的人爱心爆棚，总见不得自己的朋友有困难，时时刻刻都想要去帮助，其实你的朋友明明有能力解决问题，或者出于自尊心不愿意接受他人的帮助，尤其是亲近人的帮助，对他们的自尊心打击更大，这个时候如果强硬地帮助他们，只会让朋友和你决裂。

总之，在人际交往中，并不是付出得越多越好。帮助朋友要适当，要讲究方法和手段。锦上添花，不如雪中送炭。如何让你的付出能真正地帮到朋友，同时也不委屈自己一味迁就别人，实在是一门生活的艺术！